Mirjam Schilling

WARUM ERSCHUF GOTT DIE VIREN?

Mit einer Virologin auf Entdeckungsreise

SCM
Hänssler

SCM

Stiftung Christliche Medien

SCM Hänssler ist ein Imprint der SCM Verlagsgruppe, die zur Stiftung Christliche Medien gehört, einer gemeinnützigen Stiftung, die sich für die Förderung und Verbreitung christlicher Bücher, Zeitschriften, Filme und Musik einsetzt.

2. Auflage 2021

© 2021 SCM Hänssler in der SCM Verlagsgruppe GmbH
Max-Eyth-Straße 41 · 71088 Holzgerlingen
Internet: www.scm-haenssler.de · E-Mail: info@scm-haenssler.de

Lektorat: Christina Bachmann
Umschlaggestaltung und Illustrationen im Innenteil: Erik Pabst,
www.erikpabst.de
Autorenfoto: © Matthias Schilling
Satz: typoscript GmbH, Walddorfhäslach
Druck und Bindung: GGP Media GmbH, Pößneck
Gedruckt in Deutschland
ISBN 978-3-7751-6114-5
Bestell-Nr. 396.114

Inhalt

Vorwort 5

Einleitung: (M)eine Reise durch die Virosphäre 7

Kapitel 1 Was ist eigentlich ein Virus? 13

Kapitel 2 Was ist eigentlich Leben? 31

Kapitel 3 Das Imperium schlägt zurück:
unser Immunsystem 47

Kapitel 4 Wenn Viren krank machen:
die Frage nach dem Leid 69

Kapitel 5 Viren: ein globales Problem? 87

Kapitel 6 Unsere Umwelt und wir 109

Kapitel 7 Viren: Helfer im System 125

Kapitel 8 Gut und Böse 145

Kapitel 9 Die Viren und wir 155

Kapitel 10 Identitätskrise? 171

Abschluss: (M)ein Fazit 183

Zum Weiterdenken 188

Zum Weiterlesen 194

Quellenverzeichnis 196

Vorwort

Historiker des 21. Jahrhunderts dürften die Coronavirus-Pandemie 2020/21 als einen bedeutenden Wendepunkt in der jüngeren Menschheitsgeschichte betrachten. Weltweite Bemühungen zur Eindämmung des Virus haben zu wirtschaftlichen Einbrüchen geführt, zu erheblichen Veränderungen im gesellschaftlichen Miteinander, neuen Strukturen für Arbeit oder Bildung und wachsender Besorgnis über die menschliche Verletzlichkeit angesichts einer solchen Pandemie. Die Krise hat auch einige wichtige religiöse Fragen aufgeworfen, die sich oft darum drehen, warum Gott Viren geschaffen hat.

Auch wenn diese Frage banal erscheinen mag, spiegelt sie doch eine tiefe menschliche Sorge über unseren Platz in der Welt, unsere Zukunft und unsere Fähigkeit, in einer rätselhaften Welt hoffnungsvoll zu leben, wider. Es ist eine Frage, die beantwortet werden muss – und diese Antwort muss von jemandem kommen, der sowohl in der Theologie als auch in der Virologie zu Hause ist.

Dr. Mirjam Schilling hat eine brillante Darstellung zu den wissenschaftlichen und religiösen Fragen geschrieben, die die Pandemie für uns aufgeworfen hat. Sie ist in wahrscheinlich einzigartiger Art und Weise dazu qualifiziert, sich mit diesen Fragen zu beschäftigen, da sie ihre wissenschaftliche Forschung als Virologin an der Universität Oxford mit dem Studium der christlichen Theologie verbindet. Dafür untersucht sie derzeit das Verhältnis von Wissenschaft und Religion im Hinblick auf die Fragen der Virologie. Dieses Buch ist eine der hilfreichsten und sachkundigsten Auseinandersetzungen mit der Frage nach dem Platz von Viren innerhalb der Schöpfung, die ich gelesen habe. Es wird eine unverzichtbare Lektüre für jeden sein, der sich einen Reim auf die Coronavirus-Pandemie und die damit verbundenen tieferen Fragen machen will.

Warum erschuf Gott die Viren? verbindet Autobiografie, wissenschaftliche Erklärung und theologische Reflexion. Es ist ein Manifest sowohl für eine wissenschaftlich engagierte Theologie als auch für einen reflektierenden persönlichen Glauben, der sich des größeren Zusammenhangs, in dem wir leben, bewusst ist. Religiöse Leser finden eine leicht zugängliche und zuverlässige Darstellung der Welt der Viren, die uns zu verstehen hilft, warum wir sie nicht einfach als »böse« abtun können. Wissenschaftliche Leser werden eine intelligente und informierte Reflexion darüber finden, wie Viren in ein christliches Verständnis der natürlichen Lebenswelt passen und über die Rolle der Menschheit beim Schutz unserer Umwelt.

Doch Dr. Schilling bietet uns mehr an als nur die Unterstützung, die Coronavirus-Krise besser zu verstehen. Sie bietet uns Hoffnung, während wir in eine ungewisse Zukunft blicken. Vielleicht hat uns diese Krise an die Zerbrechlichkeit der menschlichen Natur erinnert und unser natürliches Sicherheitsgefühl infrage gestellt. Vielleicht müssen wir mit einigen ungelösten Fragen leben, nicht zuletzt mit der, ob weitere Pandemien vor uns liegen und wie wir mit den sozialen Problemen umgehen können, die die aktuelle Pandemie aufgedeckt hat. Trotzdem beendet Dr. Schilling ihre Überlegungen mit der Zusicherung der Bedeutung der christlichen Hoffnung. Für viele ihrer Leser mag dies der wertvollste Beitrag dieses wichtigen Buches sein – uns zu helfen, einer ungewissen Zukunft und ungelösten Fragen in einer Hoffnung zu begegnen, die in der größeren Realität eines lebendigen und liebenden Gottes begründet ist.

Alister McGrath
University of Oxford, April 2021

Einleitung: (M)eine Reise durch die Virosphäre

Warum erschuf Gott die Viren? Diese Frage stelle ich mir interessanterweise eher selten. Viel häufiger stelle ich mir dafür die Frage: Warum erschuf Gott die Mücken? Denn die ärgern mich im Sommerhalbjahr eigentlich ständig. Ich bin gerne draußen, ganz besonders auch abends. Das ist keine gute Kombination, wenn man Mücken meiden möchte. Vermutlich frage ich mich auch deshalb weniger, warum es Viren gibt, weil sie zu meinem Leben dazugehören. Mehr als zu dem der meisten Menschen. Denn ich bin Virologin.

Vielleicht fragst du dich seit der Coronavirus-Pandemie immer häufiger, warum Gott eigentlich die Viren erschaffen hat. Dann lade ich dich zu einer Entdeckungsreise ein. Denn obwohl es noch viel gibt, was wir nicht wissen, fasziniert mich das, was wir über Viren wissen. Und ich hoffe, du entdeckst dadurch auch einige spannende neue Zusammenhänge.

In den Medien wurde im vergangenen Jahr viel über Viren, Impfstoffe und Therapieansätze diskutiert. Was wissen wir wirklich über Viren? Wieso ist es so schwierig, eine Therapie zu entwickeln? Und wie kann Gott das einfach so zulassen? Falls du dich so etwas jemals gefragt hast, bist du hier richtig.

Zumindest in Deutschland herrscht oft die Meinung, dass Naturwissenschaft und Glaube nicht zusammengehören. Ich behaupte das Gegenteil: Glaube und Naturwissenschaft gehören zusammen. Sie ergänzen sich. Ich meine damit nicht, dass die Bibel in einer prophetischen Vorhersehung erklärt, was naturwissenschaftliche

Entdeckungen Jahrhunderte später auch endlich beweisen können. Oder dass naturwissenschaftliche Erkenntnisse endlich Erklärungen bereithalten für das, was die Bibel als Mysterium eben nicht bis ins Letzte offenbart. Was ich meine, ist, dass uns die Bibel den großen Rahmen unserer Existenz erklärt. Aber eben nicht als biologisches Lexikon, sondern quasi als Auslegung, als größeren Zusammenhang für das, was wir um uns herum beobachten.

Naturwissenschaftliche Forschung ist beeindruckend und wird uns auch in Zukunft mit faszinierenden Details über uns Menschen und unsere Umwelt überraschen. Theologische Forschung ist begeisternd, weil sie da anknüpft, wo die Naturwissenschaft an ihre Grenzen kommt. Ich behaupte: Wer sich darauf einlässt, immer mal die Perspektive zwischen beiden Disziplinen zu wechseln, wird den erstaunlichen Reichtum beider Perspektiven bewundern und merken, wie sie sich ergänzen. Das ist kein einfaches Unterfangen. Beide Welten leben mit unterschiedlichen Methoden, Sprachen und Denkmodellen, ohne die wir die Komplexität kaum erfassen könnten. Wer sich auf beide Welten gleichzeitig einlässt, wird auch mit vielen unbeantworteten Fragen und Spannung leben müssen. Aber was wäre eine Reise ohne Abenteuer? Richtig?

Warum glaube ich, dass ich mich als Reiseleitung eigne? Ich mache gerne Urlaub. Aber ich mache nicht nur gerne Urlaub, sondern ich reise auch gerne. Manchmal ist das vermutlich das Gleiche, aber je nachdem, wohin man reist, kann sich so manche Reise dann auch gerne mal wie ein unvorhersehbares Abenteuer anfühlen. Das Spannendste am Reisen sind für mich diese unerwarteten Entdeckungen. Auf meiner Lebensreise waren Viren so eine unerwartete Entdeckung. Ich habe Schönheit an einem Ort entdeckt, an dem ich es nicht erwartet hatte. Und dank der Tatsache, dass wir quasi täglich dazulernen, faszinieren die Viren mich bis heute.

Ich bin Virologin. Ich bin dankbar dafür, dass ich diese Welt unter dem Mikroskop entdecken durfte. Und noch viel dankbarer, dass sich so viele Virologen meiner angenommen haben, um mir ein bisschen was von dem zu zeigen, was sie gelernt und entdeckt haben. Sie haben mich aber nicht nur an ihrem Wissen teilhaben lassen, sondern vor allem haben sie mich ermutigt, Fragen zu stellen und selbst zu entdecken.

Deshalb trägt dieses Buch auch eine Frage im Titel. Ich muss zwar gleich vorwegnehmen, dass wir auf diese Frage keine simple Antwort finden werden. Aber jedes Mal, wenn wir fragen, haben wir die Möglichkeit, etwas zu entdecken. In diesem Sinne hoffe ich, dass durch das Teilen meiner Entdeckungen auch du beim Lesen etwas Unerwartetes entdeckst und vielleicht ermutigt wirst, noch viel mehr Fragen zu stellen. Denn unsere Reise hier ist nur der Anfang.

Ich glaube an Gott. Im Gegensatz zu so manch anderem Naturwissenschaftler bin ich aber nicht zum Glauben gekommen, weil ich das Gefühl hatte, dass mich die beeindruckende Schönheit der Welt um mich herum dazu drängt. Ich glaube, man kann Naturwissenschaft sehr lange und gut durchdenken, ohne zwingend über Gott zu philosophieren. Dazu aber später mehr. Ich bin zum Glauben gekommen, weil es Fragen gibt, auf die die Naturwissenschaft keine Antwort geben kann. Ich war mit meiner eigenen Begrenztheit konfrontiert und habe schnell gelernt, dass es im Leben wenig Sicherheiten gibt. Dass es in der Naturwissenschaft Gesetzmäßigkeiten gibt, die ziemlich stetig sind, war zumindest mir kein Trost.

Die Frage nach meiner eigenen Identität und die Sehnsucht nach Hoffnung und Ziel hat diese zweite Reise in meinem Leben in Gang gesetzt und dabei erdrutschartig ein Abenteuer nach dem anderen ausgelöst. Auf meiner Glaubensreise habe ich einen Gott kennengelernt, der in Jesus Christus Mensch geworden ist und nicht davor zurückschreckt, ganz persönlich zu werden, auf Ebenen, die ich rational nicht erklären kann, die aber nicht weniger real sind als das, was ich im Labor messe. Ich habe aber auch einen Gott kennengelernt, der sich hinterfragen lässt und nicht vor intellektuellen Anfragen zurückschreckt. Das Abenteuerlichste an dieser Reise ist und bleibt aber die Tatsache, dass Gott Gott ist. Er biegt plötzlich mal mit mir ab, um mir etwas Aufregendes auf dem Weg zu zeigen, doch an anderer Stelle ignoriert er meinen Wunsch nach einem Stopp auch mal.

Einer der für mich eher unerwarteten Stopps auf dieser Reise ist mit Sicherheit dieses Buch. Wer an mancher Stelle meine Meinung nicht teilt: Kein Problem. Ich habe die Weisheit ja auch nicht mit Löffeln gefressen, sondern versuche einfach, die Welt ein bisschen besser zu verstehen. Aber ich denke, ein größerer Verlust, als manchmal falsch zu liegen, wäre es, erst gar nichts zu entdecken.

»Haben Sie ein Lieblingsvirus?« Das wurde ich am Ende meines Studiums einmal von einem Professor gefragt (ich hatte natürlich eines… mehrere sogar, wenn ich ehrlich bin). Falls du noch keines hast, wird es Zeit!

Also, Laborkittel an, Sicherheitsbrillen auf und los geht's!

PS: Ich habe dieses Buch bewusst keiner einzelnen Person gewidmet. Denn wenn du einen Teil meines Weges mit mir mitgegangen bist, hast auch du Anteil an diesem Buch. Ich danke meiner Familie, die mir immer die Freiheit gegeben hat, mich mit all den unterschiedlichen Themen zu beschäftigen, die mich interessierten, und mich ermutigt hat weiterzugehen, wenn es schwierig war. Ich bin meinen Freunden dankbar, die mir, wenn ich nicht mehr so genau wusste, wer ich zwischen all den wirren Abenteuern eigentlich noch war, geholfen haben, zu mir selbst zu finden. Ich danke meinen Vorbildern im Glauben, Gemeindepastoren und Theologen für die Art und Weise, wie sie mich ermutigt haben, meinen eigenen Glaubensweg zu gehen und tiefer zu graben. Ich danke allen Virologen auf meinem Weg für ihre Begeisterung und Neugierde, die mich angesteckt haben, und für ihre Zeit und Mühe, mit der sie mir geholfen haben, diese Welt zu entdecken.

Kapitel 1

Was ist eigentlich ein Virus?

Vor einigen Jahren bin ich mit Freunden zwei Wochen durch Island gereist. Wir hatten Glück mit dem Wetter und konnten die beeindruckende Landschaft in vollen Zügen genießen. Als wir einmal vor einem der vielen riesigen, tosenden Wasserfälle standen, muss ich den folgenden Satz gesagt haben: »Was glaubt ihr, wie es so einem Wassermolekül geht, wenn es da hinunterstürzt?« Ich kann mich zwar selbst nicht mehr daran erinnern, aber seitdem ziehen mich besagte Freunde immer mal wieder mit diesem Satz auf. Und wenn ich ehrlich bin, dann ist es auch nicht sonderlich unwahrscheinlich, dass ich diesen Satz gesagt habe. Offensichtlich machen sich andere Menschen weniger Gedanken darum, wie es einzelnen Molekülen gerade so geht. Das kann ich akzeptieren. Es ist vermutlich auch nicht der naheliegendste Gedanke. Andererseits finde ich es schon seit dem Chemieunterricht in der Schule sehr hilfreich, Moleküle mit menschlichen Eigenschaften wie Gefühlen und Motivationen zu versehen, weil dann die Abläufe verschiedener Reaktionen plötzlich logischer erscheinen und man sie sich besser merken kann. Zumindest geht es mir so.

In der Virologie gibt es ein ganz ähnliches Phänomen. Und das betrifft tatsächlich nicht nur mich. Wir alle schreiben Viren oft menschliche Eigenschaften zu. Das passiert in Form von Metaphern oder Redewendungen, aber auch mit ganz offiziellen wissenschaftlichen Begrifflichkeiten. Vermutlich ist es dann einfacher, den Vorgang oder den Krankheitserreger selbst zu beschreiben. Außerdem glaube ich, dass diese menschlichen Züge helfen, uns von dem Gegner Virus (aha, da ist auch schon die erste Vermenschlichung!) besser abzugrenzen und ihn zu bekämpfen. Eine Vermenschlichung kann also durchaus hilfreich sein.

Der Haken ist allerdings, dass dieses Phänomen auch Probleme bereiten kann. Vermenschlichungen täuschen uns nämlich manchmal darüber hinweg, was Viren eigentlich sind. Viren sind eben keine menschlichen Wesen. Eigentlich noch nicht mal Lebewesen. Denn nach biologischer Definition ist ein Virus im Gegensatz zu einem Bakterium nicht lebendig. Dazu kommen wir gleich. Da es schwierig ist, ohne Vermenschlichungen durch das Thema Virologie zu kommen – eben auch, weil so manch wissenschaftliche Begrifflichkeit auf Vermenschlichungen aufbaut –, ist es wichtig, im Hinterkopf zu behalten, dass Viren keine Lebewesen sind.

Insbesondere wenn es darum geht, wie wir mit ihnen umgehen oder wie Therapien aussehen, ist das von entscheidender Bedeutung. Allerdings werde ich in den folgenden Kapiteln immer wieder Begriffe oder Beispiele nutzen, die dem Virus menschliche Wesenszüge andichten. Ich bitte also, allzu menschliche Züge, die ich Viren verpasse, zugunsten des großen Ganzen zu entschuldigen. Aber besonders in diesem Kapitel veranschaulicht es hoffentlich auch, was Viren so alles »können«.

Weder lebendig noch tot

Man sollte meinen, dass es ziemlich einfach sein sollte, etwas Lebendiges von etwas Totem zu unterscheiden. Ein Stein ist tot, meine Zimmerpflanze lebt – zumindest im Optimalfall. Dank meiner sehr kurzen Aufmerksamkeitsspanne für das Gärtnern ist das leider nicht immer ganz richtig. Doch woran mache ich den Unterschied zwischen tot und lebendig nun fest? Es gibt doch so viele unterschiedliche Formen von Leben. Was haben die denn alle gemeinsam?

Das ist auch eine Frage, die Biologen in den letzten Jahrhunderten ziemlich umgetrieben hat. Letztlich wurden einige Eigenschaften allgemein anerkannt, die alle erfüllt sein müssen, um etwas als lebendig zu erklären. Dazu zählt unter anderem, dass etwas Lebendiges eine zelluläre Organisation haben muss. Das heißt, es muss aus mindestens einem Raum bestehen, der von einer Zellmembran umschlossen ist. Diese umhüllten Räume müssen eine Art von Erbinformation besitzen, die an nachfolgende Generationen in irgendeiner Art und Weise vererbt werden kann. Leben muss also wachsen und sich fortpflanzen können. Diese Zellbereiche müssen auch einen Stoffwechsel besitzen, also mit der Umgebung Stoffe austauschen, Energie verbrauchen und verschiedene Reaktionen ablaufen lassen können. Diese Reaktionen müssen dabei so reguliert sein, dass die Zelle im Gleichgewicht bleibt. Leben muss in irgendeiner Art und Weise auf Reize von außen reagieren können. Und Leben muss beweglich und anpassbar sein, selbst wenn das nur im Zellinneren geschieht.

All diese Punkte schließen also kleine einzellige Lebewesen wie Plankton oder Bakterien mit ein. Sie schließen aber Viren aus, da Viren zum Beispiel keinen eigenen Stoffwechsel haben, sondern immer darauf angewiesen sind, den Stoffwechsel von Lebewesen zu nutzen.

Vereinfacht gesagt: Legt man sowohl ein Bakterium als auch ein Virus in ein Glas mit Nährmedien, wird sich das Bakterium fröhlich vermehren, das Virus nicht. Ohne die Hilfe von Zellen kann ein Virus nichts tun. Als Virologe bezeichnet man Viren daher als obligatorisch intrazelluläre Parasiten, also Schmarotzer, die sich ausschließlich in Zellen von Lebewesen vermehren können.

BAKTERIEN   VIRUS

Viren sind also nicht lebendig – zumindest per Definition. Viren treffen keine willentlichen Entscheidungen, haben keine Absichten, verfolgen keinen Plan. Viren existieren einfach. Dafür bewegen sie allerdings eine ganze Menge. In unseren Zellen, Körpern, Ökosystemen, auf unserem Planeten. Einige Perspektiven darauf, wie die Welt der Viren aussieht und wie unsere Welt dank der Viren aussieht, werden wir auf unserer Reise durch dieses Buch gemeinsam erkunden.

Und was genau ist nun ein Virus?

Virus ist nicht gleich Virus. Darauf kommen wir in einem späteren Kapitel zurück, wenn wir uns anschauen, wo auf diesem Planeten überall Viren zu finden sind. Virusinfektionen betreffen nämlich bei Weitem nicht nur den Menschen. Gleichzeitig unterscheiden sich aber auch schon die Virusfamilien, die den Menschen infizieren, drastisch voneinander. In Größe, Aufbau und auch in den Funktionen, die sie mitbringen.

Obwohl Viren so unterschiedlich sind, gibt es Bausteine, die sie alle gemeinsam haben. Was bräuchte also ein Virus, wenn man eines basteln wollte, damit man es hinterher auch als Virus erkennt?

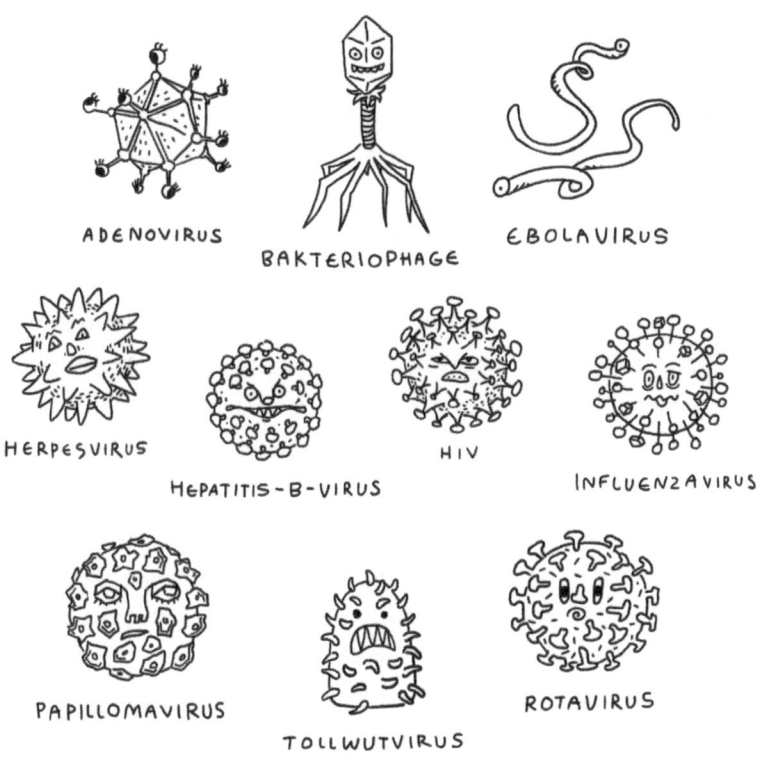

ADENOVIRUS

BAKTERIOPHAGE

EBOLAVIRUS

HERPESVIRUS

HEPATITIS-B-VIRUS

HIV

INFLUENZAVIRUS

PAPILLOMAVIRUS

TOLLWUTVIRUS

ROTAVIRUS

Das wohl eindrücklichste Merkmal eines Virus ist vermutlich die Größe, beziehungsweise seine nicht vorhandene Größe. Die meisten uns vertrauten Viren kann man auch mit einem herkömmlichen Lichtmikroskop nicht sehen. Dazu braucht es schon spezielle, hochauflösende Mikroskope.

Aber wie klein ist denn klein? Mal angenommen, wir stellen uns das Grippevirus (Durchmesser von etwa hundert Nanometern) in der Größe einer Blaubeere (Größe ein Zentimeter) vor. Dann hätte eine durchschnittliche menschliche Zelle (Größe 0,025 Millimeter), die davon infiziert wird, einen Durchmesser von 2,50 Metern. Das ist ein bisschen höher als die durchschnittliche Deckenhöhe in deinem Wohnzimmer. Der dazugehörige Mensch wäre dann übrigens

180 Kilometer groß (das ist zwanzigmal so hoch wie der Mount Everest).

Im Laufe der nächsten Kapitel werden wir sehen, wie es ein blaubeerengroßes Virus schafft, eine raumgroße Zelle völlig zu dominieren, aber auch, wie eine gut organisierte zimmergroße Zelle das blaubeerengroße Virus findet und eliminiert. Das klingt zunächst nach einem ungleichen und vielleicht auch unfairen Kampf und erfordert deshalb auch beeindruckendste Technik auf beiden Seiten. Rein biochemisch betrachtet besteht ein Virus aus überraschend wenig Bausteinen. Im Kern ist es eigentlich nur ein Stückchen Erbgut. Das kann aus DNA, wie das Erbgut in unseren eigenen Zellen, oder aus RNA bestehen. In unseren Zellen wird RNA zum größten Teil dazu benutzt, innerhalb der Zelle Botschaften zu verschicken. Das erklärt, warum ein Virus mit beiden Systemen erfolgreich in unseren Zellen arbeiten kann. Woraus auch immer es besteht, beinhaltet das Erbgut des Virus die Anleitung dazu, neue Viruspartikel zu produzieren.

In einem Viruspartikel ist das Erbgut in aller Regel durch eine Proteinhülle verpackt. Daneben gibt es im Viruspartikel noch eine Reihe weiterer Proteine, die einfach so mitverpackt werden, wenn die neu gebildeten Viruspartikel die Zelle wieder verlassen. Das sind zum Teil Proteine, die das Virus direkt wieder braucht, wenn es eine neue Zelle infiziert. Also ein bisschen wie das Gepäck, das man beim Umzug im eigenen Auto transportiert und das dafür sorgt, dass man überlebt, bis der Möbelwagen kommt. Die Anzahl variiert aber zwischen den Virusfamilien.

Ganz außen haben viele Virusfamilien noch eine Hülle. Diese entsteht beim Verlassen einer Zelle, wenn sich die Bestandteile des Viruspartikels quasi nach außen stülpen und dabei einen Teil der Zellmembran mitnehmen. Ganz wichtig ist, dass dabei in dieser Hülle spezifische Oberflächenproteine des Virus eingebaut werden, mit denen es dann an neue Zellen andocken kann.

Ich packe meinen Koffer und nehme mit ...

Wie gerade beschrieben, ist es erstaunlich, was so ein Virus alles ausrichten kann, wenn man bedenkt, wie klein es eigentlich ist. Ich muss zugeben, dass mich das alleine deshalb schon beeindruckt, weil ich das Problem nur zu gut kenne. Ich bin nicht besonders groß und daher schon rein biologisch benachteiligt, wenn es darum geht, Gepäck zu Fuß zu transportieren. Man sollte also meinen, dass ich daher besonders gerne mit dem Auto oder Wohnmobil verreise, damit ich mehr Gepäck mitnehmen kann. Doch das Gegenteil ist der Fall. Ich bin großer Fan von Rucksackreisen und auch mehrtägigen Wandertouren. Das stellt mich natürlich hin und wieder vor größere Herausforderungen und ich muss vor jedem Urlaub sehr genau durchdenken, was ich wirklich brauche.

Die erste wichtige Lektion besteht natürlich darin, einigermaßen genau zu wissen, worauf man vorbereitet sein muss. Für einen einwöchigen Hotelurlaub auf einer sonnigen Insel sieht das Gepäck in meinem Rucksack anders aus als für ein verlängertes Wochenende, das ich im Februar nördlich des Polarkreises verbringe. Flipflops oder Thermoskanne? Das ist dann keine Frage mehr, sondern logische Schlussfolgerung. Gleichzeitig bestimmt die Auswahl meines Gepäcks auch die Freiheitsgrade auf meiner Reise. Habe ich Zelt, Schlafsack und Campingkocher dabei, habe ich zwar weniger Platz für Wechsel-T-Shirts, bin aber frei, zu übernachten, wo ich will.

Das gleiche Prinzip gilt auch für Viren. Je mehr Funktionen ein Virus selbst übernehmen kann, desto unabhängiger ist es von unserer Zelle. Aber das kostet Platz im Gepäck. Größere Viren, die mehr Proteine verpacken können und mehr Speicherplatz in ihrem Erbgut haben, haben deutlich mehr Möglichkeiten, die Zelle zu manipulieren, und sind unabhängiger. Zu den größeren Viren gehören beispielsweise Herpesviren, die mit einer beeindruckenden Zahl von mehr als dreihundert »Werkzeugen« die Zelle manipulieren. Am anderen Ende des Spektrums befinden sich Viren wie Hepatitis B oder das Grippevirus, die mit vier beziehungsweise zwölf »Werkzeugen« Erstaunliches leisten.

Es gibt aber sowohl für Viren als auch fürs Reisen noch eine weitere Möglichkeit, den eigenen Spielraum zu vergrößern. Ganze Firmenzweige für Campingbedarf haben sich inzwischen darauf spezialisiert, immer leichtere und kleinere Gegenstände zu entwickeln, die dennoch keine Einschränkungen in der Funktion aufweisen. Außerdem gibt es noch Multifunktionsgeräte wie den Camping-Löffel, der vorne Zinken einer Gabel und hinten am Schaft ein Messer hat, oder Multifunktions-Karabiner mit Kompass, Thermometer und eingebauter Taschenlampe.

Insbesondere die viralen Proteine, die dafür zuständig sind, das menschliche Immunsystem in Schach zu halten, sind oft Multifunktionsproteine, die scheinbar spielerisch an mehreren Stellen gleichzeitig ansetzen können. Aber auch was den Speicherplatz im Erbgut angeht, haben sich manche Viren etwas einfallen lassen. Das Hepatitis-B-Virus nutzt zum Beispiel Speicherplatz quasi doppelt und dreifach. Anstatt für jede Information eine eigene Kombination aus Buchstaben zu verwenden, können durch überlappende Buchstabenbereiche auf engerem Raum viel mehr Informationen gelagert werden. Wenn man ein bisschen rechnet, stellt man fest, dass das Virus dadurch mehr als zweieinhalbmal mehr Informationen speichert, als es eigentlich Platz hat.

Ankommen und Auspacken

Da es nicht lebt, braucht ein Virus also immer einen Gastgeber. Das klingt jetzt freundlicher, als es eigentlich ist, beinhaltet aber auch einen Kern Wahrheit. Denn obwohl das Virus unsere Zelle gewissermaßen unter seine Kontrolle bringt, ist es nicht so, dass es sich hinterrücks und illegal Zugang verschafft.

An der Oberfläche von Viren sitzen Proteine, die genau passend sind, um an Zellen anzudocken. Verschiedene Viren haben sehr unterschiedliche Oberflächenproteine und auch unterschiedlich viele davon. Durch die Oberflächenproteine des Coronavirus etwa sieht das Virus unter dem Mikroskop so aus, als hätte es eine Krone, daher auch der Name. Das Humane Immundefizienz-Virus (HIV) dagegen hat deutlich weniger Oberflächenproteine, Grippeviren wiederum haben sehr, sehr viele.

Durch das Andocken auf der Zellaußenseite setzen die Viren Mechanismen in Gang, die letztlich dazu führen, dass das Virus in die Zelle aufgenommen wird. Ein befreundeter Virologe hat diesen Vorgang mal damit beschrieben, dass es also fast ein bisschen so sei, als würde das Virus die Türklingel drücken, das richtige Codewort sagen und in der Folge in die Zelle hineingelassen. Viren nutzen damit direkt beim Eintritt in die Zelle schon ganz selbstverständlich die bestehenden Mechanismen der Zelle aus. Wie unsere Zelle trotzdem merkt, dass da etwas nicht mit rechten Dingen zugeht, sehen wir in einem späteren Kapitel.

So weit, so gut. Wir alle wissen, dass das Ankommen bei einem Umzug erst der erste Schritt ist. Bis alles ausgepackt und voll funktionstüchtig ist, kann es mitunter lange dauern, und in der Regel ist das Leben bis dahin auch eher chaotisch. Nichts ist da, wo es sein müsste, und man sucht Stunden, bis man endlich hat, was man gerade braucht. Und egal, was man sucht, es befindet sich meistens in der allerletzten Kiste, in der man nachschaut. Die meisten Menschen nehmen sich für einen Umzug deshalb in der Regel ein paar Tage frei, um sich zu organisieren, bevor der Alltag wieder effizient laufen muss.

So viel Zeit hat das Virus nicht. Da es ständig in der Gefahr schwebt, erkannt zu werden, muss es sich nicht nur beeilen, sondern auch gleichzeitig auf zwei Aufgaben konzentrieren – sich so gut wie möglich zu verstecken und gleichzeitig so effizient wie möglich neue Viren zu produzieren. Wer nicht gut im Multitasking ist, ist jetzt hoffentlich beeindruckt!

Virus GmbH & Co. KG

Und wie funktioniert nun die Virusproduktion? Der zentrale Baustein eines Virus ist ja die Bauanleitung für neue Viruspartikel, also für die Bestandteile, aus denen dann später ein neues Virus zusammengebaut wird. Oberstes Ziel ist daher, dass diese Bauanleitung an die richtige Stelle gelangt, wo sie ausgelesen werden kann. Wie bereits erwähnt, besteht das Erbgut eines Virus mal aus DNA, mal aus RNA, es ist mal einzelsträngig, mal doppelsträngig und bei Grippeviren beispielsweise sogar segmentiert.

Je nach Virusfamilie unterscheidet sich deshalb auch das Prozedere innerhalb der Zelle. Muss das Erbgut erst in für die Zelle lesbare Botschaften übersetzt werden? Oder sind die Botschaften direkt lesbar? Jede Virusfamilie hat da so ihre eigene Taktik. Manche bringen ihr Erbgut erst einmal in den Zellkern und nutzen die Prozesse dort für die Übersetzungsarbeit. Das ist natürlich mit Aufwand und Risiko verbunden. Andere Viren bringen daher ihren eigenen Übersetzungsapparat mit und ersparen sich dadurch den Transport in den Zellkern.

Egal, wie das virale Erbgut letztlich ausgelesen wird, das Ziel ist dasselbe: Die Zelle stellt Rohstoffe, Energie und Maschinerie zur Verfügung und das Virus muss nur noch die Bauanleitungen für Viruspartikel bereitstellen sowie die Produktion umstellen. Das ist also fast wie bei der feindlichen Übernahme einer Fabrik. Das Inventar bleibt, die meisten Angestellten bleiben auch, aber das Produkt ist ein anderes. Das Virus stoppt also die reguläre Produktion und die Zelle baut stattdessen Virusbestandteile.

Die zweite wichtige Aufgabe, auf die sich ein Virus in der Zelle konzentrieren muss, ist, unerkannt zu bleiben. Und das möglichst lange. Wer in seiner Kindheit stundenlang Verstecken gespielt hat, kennt sich mit folgender Methode bestens aus: Manche Viren, wie zum Beispiel das Dengue-Virus oder das Hepatitis-C-Virus, wickeln Teile ihres Produktionsprozesses einfach in herumliegende Membransysteme ein. Das hat zwei Vorteile: Erstens sind alle wichtigen Werkzeuge im Produktionsprozess nah beieinander und müssen nicht am anderen Ende der Zelle gesucht werden, sobald sie gebraucht werden. Und zweitens versteckt das die Vorgänge vor neugierigen Blicken. Zumindest für eine ganze Weile.

Eine zweite sehr erfolgreiche Taktik ist die Tarnung. Es gibt Viren, die ihre Bestandteile den Zellbestandteilen so sehr ähneln lassen, dass man schon genau hinschauen muss, um den Unterschied zu bemerken.

Ich kenne mich mit Handtaschen nicht sonderlich gut aus und würde wohl eine gefälschte Prada-Handtasche von der echten kaum unterscheiden können. Vielleicht, wenn ich beide direkt nebeneinander sehen würde, vermutlich aber erst durch den Preis. Letztlich wäre ich damit ein hervorragendes Opfer, dem man eine gefälschte Handtasche andrehen könnte. Bei Dingen, mit denen ich mich besser auskenne, wird es schon schwieriger, mir etwas anzudrehen.

Viren müssen durchaus etwas Aufwand betreiben, um Ähnlichkeit zu erzielen. Denn sonst hat es die Zelle zu leicht, die Infektion zu entdecken. Ein berühmtes Beispiel ist das Grippevirus, das seine übersetzten Botschaften nicht nur ähnlich gestaltet, sondern den zellulären Botschaften einfach einen Teil klaut und damit, wie mit einem echten Etikett an der gefälschten Ware, das Verkaufsgespräch führt. Das ist nicht nur total clever, sondern auch sehr erfolgreich. Es gibt auch Viren, die lassen Imitationen von Zellbestandteilen produzieren, einzig und allein zu dem Zweck, dass die Zelle nach außen hin normal erscheint und keine Aufmerksamkeit erregt. Denn wie wir in Kapitel drei näher beleuchten, wird das Fehlen von »normalem« Aussehen von spezialisierten Zellen unseres Immunsystems erkannt. Um diesen Zellen vorzugaukeln, dass alles mit rechten Dingen zugeht, produziert zum Beispiel das humane Cytomegalievirus, das zur Familie der Herpesviren gehört, eine Attrappe für die Zelloberfläche.

Da auch Verstecken und Nachahmen irgendwann an ihre Grenzen kommen, haben Viren noch diverse andere Tricks auf Lager. Die sind meist plumper und zielen in der Regel darauf ab, die Signalweiterleitung zum Schweigen zu bringen, die in Gang gesetzt wird, sobald die Zelle dann doch mitbekommen hat, dass sie infiziert ist. Dazu jedoch später mehr.

Wer lange schläft, verliert sein Pferd

Immer effizienteres Selbstmanagement gepaart mit Achtsamkeit – das sind aktuell die großen Verkaufsschlager auf dem Buchmarkt oder für Workshops. Und selbst wer diesem Trend bisher entkommen ist, weiß schon lange: Der frühe Vogel fängt den Wurm.

Diese Redensart ist übrigens keine typisch deutsche. Im Laufe meines Studiums war ich im Rahmen eines Auslandspraktikums für drei Monate in der Mongolei. Mein Reiseführer überraschte mich mit dieser wichtigen Lebensweisheit: Wer lange schläft, verliert sein Pferd. Was lustig klingt, ist nichts anderes als unsere Redensart mit dem Vogel. So wichtig lange Ruhephasen für uns Menschen sind, so wichtig ist es auch, nicht zu viel zu ruhen, sondern am Ball zu bleiben. Regeneration ja, Schlendrian nein. Etwas anderes kann man sich als Lebewesen in der Regel nicht erlauben.

Da haben es Viren deutlich leichter. Da sie nicht leben, ist es ihnen einerseits egal, ob sie über einen bestimmten Zeitraum weniger produktiv sind, andererseits spielen Zeit und Energieversorgung keine Rolle. Denn Viren sind sehr stabil. Sie können über extrem lange Zeiträume auf Oberflächen infektiös bleiben, ebenso Hunderte von Jahren in gefrorenem Zustand, etwa im sibirischen Permafrostboden oder einem Gefrierschrank im Labor.

Interessanterweise nutzen manche Viren Ruhephasen aber auch taktisch, um dem Immunsystem zu entkommen. Ein weitverbreitetes und sehr bekanntes Familienmitglied in der großen Familie der Herpesviren ist zum Beispiel das Herpes-Simplex-Virus Typ 1, das die unangenehmen Lippenbläschen verursacht. Einmal damit infiziert, werden wir dieses Virus nicht mehr los. Die Bläschen kommen und gehen, aber das Virus bleibt uns erhalten. Es versteckt sich mit seinem Erbgut in unserem Zellkern und fährt so gut wie alle Aktivitäten herunter. Dadurch bleibt es in der Zelle unentdeckt. In unregelmäßigen Abständen, zum Beispiel wenn wir gestresst sind, legt es plötzlich los und lässt eine neue Generation von Viren produzieren, die dann in den infektiösen Bläschen weiterverbreitet werden, bevor es wieder in den Winterschlaf fällt.

Sich im Zellkern zu verstecken, ist kein Alleinstellungsmerkmal für Herpesviren. Es gibt noch andere Virusfamilien, die diese Taktik sehr erfolgreich nutzen. Das Aids auslösende HIV gehört dazu. Das Virus versteckt sich aber nicht nur lebenslang in unseren Zellkernen, sondern integriert sein Erbgut direkt in unsere DNA. Das macht es der Zelle nicht nur sehr schwer, das Virus zu entdecken, solange es nicht aktiv Virusbestandteile produziert, sondern gestaltet auch jegliches therapeutisches Vorgehen sehr schwierig, weil man zumindest im Moment noch nicht ohne Risiko ein Stückchen virale DNA aus unserem Erbgut herausschneiden kann, ohne unsere eigene DNA zu gefährden.

Weiter geht die Reise

Nach getaner Arbeit müssen die von der Zelle hergestellten Virusbestandteile zu fertigen Partikeln zusammengebaut werden. Wie bei einem Lego-Set müssen sich dabei alle relevanten Bausteine in der richtigen Stückzahl zusammenfinden, sonst entsteht zwar womöglich auch etwas Hübsches, aber nicht das gewünschte Produkt. Das Beeindruckende ist außerdem, dass diese Bausteine inmitten vieler anderer (nämlich zellulärer) Bausteine gefunden werden müssen. Wer schon einmal versucht hat, ein Lego-Set aus einer großen Lego-Kiste mit vielen anderen Steinen herauszusortieren, erahnt vielleicht die Dimension. Eine Zelle ist ja kein luftleerer Raum, sondern vollgepackt mit unterschiedlichsten Bausteinen und Zellorganellen.

Wie schon erwähnt, lagern sich die viralen Bestandteile zusammen – wie das genau funktioniert, ist bisher für die wenigsten Viren auch nur annähernd verstanden. Ein Großteil der Viren stülpt dabei die Zellmembran nach außen und klaut dadurch quasi ein Stück Membran und nutzt es für die eigene Hülle. Es gibt aber auch Viren, die andere Austrittswege aus der Zelle nutzen und deshalb später unbehüllt sind.

Der Vorteil der behüllten Viren – zumindest aus menschlicher Sicht – ist, dass man diese Hülle durch Seife zerstören und das Virus daher ganz einfach beim Händewaschen unschädlich machen kann. Denn die zum Andocken an die Zelle nötigen Oberflächenproteine sitzen ja in der Hülle. Und ohne Andocken an die Zelle keine Virusvermehrung. Das Coronavirus ist so ein Beispiel. Deshalb sind relativ einfache Hygienemaßnahmen wie das Händewaschen auch so effektiv. Gleiches gilt auch für eine ganze Reihe weiterer Viren, etwa Grippeviren.

Je nachdem, welches Organ von einem Virus betroffen ist, unterscheiden sich natürlich die Ausscheidungs- und damit auch die Ansteckungswege. Viren, die zu klassischen Erkältungssymptomen führen, weil sie die Atemwege infizieren, also zum Beispiel Grippeviren, Coronaviren, Rhinoviren, werden über Tröpfchen und Aerosole übertragen. Viren, die den Magen-Darm-Trakt infizieren, wie Noroviren oder Rotaviren, werden über den Stuhl ausgeschieden. HIV wiederum infiziert Zellen im Blut und kann daher über Blutprodukte übertragen werden, aber auch durch andere Körperflüssigkeiten wie Sperma, Vaginalsekret, Muttermilch oder Gehirn- und Rückenmarksflüssigkeit.

Durch Wände gehen und andere Tricks

Wen die bisher genannten Eigenschaften von Viren noch nicht genug beeindruckt haben, für den habe ich hier noch eine Liste weiterer Erfolgsfaktoren.

Da ist zum einen die vielen Viren fehlende Korrekturlesefunktion. Jedes Mal, wenn ein neues Viruspartikel produziert wird, muss dafür ja auch das Erbgut kopiert werden, das zentrale Element jedes Virus. Bei jedem Kopierprozess fallen automatisch kleine Fehler an. Unser eigenes Erbgut in der Zelle wird deshalb ständig kontrolliert und Fehler werden schnellstmöglich repariert. Denn jeder Fehler birgt das Risiko, dass die Zelle außer Kontrolle gerät, was etwa zu Tumor-bildung, zu Krebs führen kann. Beständige Kontrolle des Erbguts ist deshalb von höchster Bedeutung für alle Lebewesen.

Doch Viren sind ja nicht lebendig. Sollte ein einzelnes Virus-partikel keine korrekte Erbinformation mitbekommen, ist das nicht schlimm. Dem einzelnen Virus ist es egal und unter all den vielen übrigen Partikeln wird es schon eine ausreichend große Menge geben, die das korrekte Erbgut besitzt. Reine Statistik.

Gleichzeitig heißt das aber auch, dass es rein statistisch gesehen immer wieder einzelne Viruspartikel gibt, die durch Fehler im Kopie-ren des Erbguts eine hilfreiche Mutation mitbekommen haben. Eine Mutation, die zum Beispiel einen bestimmten Aspekt der zellulären Immunantwort besser ausschalten kann, als das im Original-Virus der Fall war. Diese Mutation wird sich logischerweise deutlich besser vermehren als das Original und die Gesamt-Viruspopulation plötz-lich dominieren. Insbesondere wenn ein Virus den Wirt oder sogar die Spezies wechselt, werden diese Zufallsmutationen sehr wichtig. Denn ohne Anpassung an die neue Umgebung hat so ein Virus ziem-lich schnell keine Chance mehr.

Ein ganz aktuelles Beispiel ist der Vergleich zwischen Grippe- und Coronaviren. Grippeviren haben ein relativ kleines Erbgut und wenig Kapazität, irgendwelche Luxusfunktionen mit sich herumzutragen. Sie haben deshalb, wie die meisten Viren, keine Korrekturlesefunktion. Insbesondere die ständige Mutation der Oberflächenproteine macht es nötig, den Impfstoff gegen Grippeviren jedes Jahr anzupassen.

Coronaviren dagegen haben im Verhältnis dazu ein riesiges Erbgut. Es ist so groß, dass es ohne eine Korrekturfunktion langfristig überhaupt nicht stabil genug wäre, weil es zu schnell zu viele Mutationen ansammeln würde. Merke: Es ist statistisch viel wahrscheinlicher, dass eine Mutation dem Virus schadet, als dass sie sich positiv auswirkt. Die Konsequenz für das Coronavirus ist daher, dass es deutlich weniger mutiert als das Grippevirus. Das ist ein klarer Vorteil bei der Impfstoffherstellung. Wie wir gesehen haben, heißt das aber natürlich nicht, dass es gar nicht mutiert. Der Druck, den das Immunsystem erzeugt, führt dazu, dass Mutanten, die dem Druck entgehen können, sich besser vermehren.

Was hier gerade schon mit angeklungen ist, ist die Tatsache, dass Viren immer im Rudel reisen. Wir infizieren uns in der Regel auch nicht mit einem einzelnen Viruspartikel, sondern direkt mit mehreren, und sobald die sich erst mal vermehrt haben, kann man wie bei jeder Gruppe auch eine gewisse Gruppendynamik beobachten. Infizieren zum Beispiel zwei Viruspartikel die gleiche Zelle, können sie sich gegenseitig ergänzen und Schwachstellen des jeweils anderen Partikels ausbügeln.

Grippeviren sind ein gutes Beispiel dafür, dass die Infektion einer Zelle durch zwei Viruspartikel gleichzeitig noch viel weitreichendere Konsequenzen haben kann. Grippeviren haben ein segmentiertes Erbgut. Das heißt, dass fast alle Proteine, die das Virus produziert, auf einem separaten RNA-Strang zu finden sind. In jedem intakten Viruspartikel muss also auch immer genau einer von jedem der acht RNA-Stränge verpackt sein. Infizieren jetzt zwei Grippeviruspartikel die gleiche Zelle, kann das dazu führen, dass einzelne Segmente vom gleichen Typ ausgetauscht werden. So können unter Umständen völlig neue Kombinationen entstehen, so geschehen bei der Schweinegrippe, die 2009 in Mexiko ausbrach und vom Schwein auf den Menschen übersprang.

Neben Tricks, die den Kopier- und Verpackvorgang des viralen Erbguts betreffen, gibt es für manche Viren auch die Möglichkeit, direkt von einer Zelle zur nächsten zu springen, ohne den gefährlichen Umweg durch das Zellumfeld wagen zu müssen. Denn dort ist die Chance hoch, vom Immunsystem entdeckt und ausgelöscht zu werden. Durch die Bildung kleiner Kanäle wandert das virale Erbgut fast wie durch Wände. Das spart Zeit und ist sicherer. Diese Technik ist etwa von HIV oder Masernviren bekannt.

Gedanken fürs Reisetagebuch

Wir haben in diesem Kapitel einige der grundlegenden Eigenschaften von Viren kennengelernt. Wie sie aussehen, funktionieren und welche Tricks sie so draufhaben. Insbesondere in ihren Tricks unterscheiden sich die verschiedenen Virusfamilien. Allen gemeinsam ist die Tatsache, dass sie eigentlich nicht leben. Aber so richtig tot scheinen sie auch nicht zu sein. Was sagt uns das über unsere Vorstellung von Leben? Dazu mehr im nächsten Kapitel. Außerdem haben wir noch gar keinen Blick darauf geworfen, welche Möglichkeiten wir haben, Viren in Schach zu halten. Mit unserem Immunsystem befassen wir uns deshalb in Kapitel drei.

Kapitel 2

Was ist eigentlich Leben?

Im ersten Kapitel haben wir gesehen, dass Viren – nach den gängigen biologischen Definitionen – nicht lebendig sind. Denn sie sind auf einen Wirt angewiesen, dessen Stoffwechsel sie mitbenutzen können. Ohne Wirt können sie sich nicht vermehren. Je kleiner das Virus, desto einfacher fällt es, dieses Konzept erst mal so hinzunehmen. Aber je größer so ein Virus wird und je mehr Funktionen es selbst mitbringt, desto schwieriger wird es, da so ganz klare Grenzen zu ziehen.

Ganz besonders schwierig wurde es, als 2003 das erste Riesenvirus entdeckt wurde. Dieses Riesenvirus war nämlich so groß, dass es unter einem ganz normalen Lichtmikroskop zu sehen war und deshalb zuerst auch mit einem kleinen Bakterium verwechselt wurde. Inzwischen sind eine ganze Reihe verschiedener Riesenviren bekannt. Zu allem Überfluss wurde auch noch entdeckt, dass diese Riesenviren wiederum selbst von Viren, den sogenannten Virophagen, infiziert werden können. Gegen die können sie sich außerdem mit einer Art Immunsystem wehren.

In vielen Eigenschaften unterscheiden sie sich also gar nicht so sehr von unseren Zellen. Und Zellen sind ja definitiv lebendig. Wo ist dann aber die Grenze zwischen lebendig und tot? Ist diese Grenze also weniger klar, als man lange dachte? Das hat unter Wissenschaftlern eine spannende Diskussion in Gang gebracht. Kann man überhaupt eine Grenze ziehen? Wenn ja, wo und nach welchen Kriterien? Und wenn nein, was ist dann Leben überhaupt?

Auf der Suche nach einer Definition

Je ähnlicher sich Dinge sind, desto schwieriger ist es, klare Unterscheidungsmerkmale zu finden. Viren bestehen biochemisch gesehen aus dem gleichen Material wie Zellen. Und sie stellen deren Stoffwechsel komplett um, sobald sie in der Zelle sind. In späteren Kapiteln werden wir sehen, dass sie in erheblichem Maße dazu beitragen, dass Leben funktioniert. Sie sind wichtiger Lieferant für neues genetisches Material und Treiber für Entwicklungsprozesse. Aber ihre Definition als »nicht lebendig« hat dazu geführt, dass ihr Einfluss auf Ökosysteme und Entwicklungsprozesse oft übersehen wird. Auch darum soll es später noch gehen.

Spätestens die Entdeckung der Riesenviren hat also die Diskussion um das Wesen der Viren und um die Grenze zwischen biologisch tot und lebendig in der Naturwissenschaft neu entfacht. Könnte man vielleicht das Virus in einem Zustand als lebendig und in einem anderen als tot bezeichnen? Dafür sprechen sich einige Wissenschaftler aus. Der Biologe Patrick Forterre schlägt zwei Optionen vor: Begriffe wie Leben oder lebendig aus der Literatur zu streichen oder den Begriff zu erweitern. Letzteres hieße, alle biologischen Einheiten als lebendig einzustufen, also auch die Bausteine, aus denen Zellen bestehen, inklusive Zellorganellen. Man merkt: Die Frage danach, was Leben eigentlich ist, ist aus biologischer Sicht gar nicht so einfach zu beantworten!

»Es gibt mehr als 100 Definitionen von Leben und alle sind falsch« lautete die Überschrift eines Artikels von Josh Gabbatiss vor einigen Jahren. Was meint er damit? Neben dem, dass es die eine Definition von Leben vermutlich nicht gibt, erwähnt er noch ein zweites Problem: Ein Forschungsfeld, das besonders offensichtlich mit diesen menschlichen Grenzen konfrontiert ist, ist die Astrobiologie. Wir suchen nach Leben im Weltall. Aber die Frage ist, ob wir Leben auf anderen Planeten überhaupt als solches erkennen würden. Wer sagt uns, dass Leben auf anderen Planeten abhängig ist von Wasser oder Kohlenstoffverbindungen? Vielleicht kann Leben ja auch mithilfe völlig anderer chemischer Verbindungen entstehen? Oder noch abstrakter: Braucht Leben überhaupt ein chemisches Grundgerüst? Im Fachbereich künstliche Intelligenz arbeiten wir daran, Leben durch Computer zu simulieren, vielleicht sogar zu erschaffen.

Allein in verschiedenen Fachbereichen sind also die Erwartungen daran, was es für Leben braucht, sehr unterschiedlich. Was sind denn aber dann die wesentlichen Bestandteile von Leben?

All das zeigt, dass wir für eine angemessenere Definition von Leben die Naturwissenschaft eigentlich verlassen und ein bisschen über den Tellerrand schauen müssen. Denn alle oben genannten Definitionen von Leben sind ja deshalb nicht universell anwendbar, weil sie von Menschen gemacht sind. Sie erzählen unsere Perspektive auf die Welt, unsere Weltanschauung, mit der wir die Gesetzmäßigkeiten erforschen. Und sie erzählen ebenfalls die Geschichte, wie wir die Welt Stück für Stück entdecken. Je besser unsere technischen Möglichkeiten werden, desto klarer wird oft, dass die menschlich gedachten Definitionen und Grenzen zu einfach gedacht sind. Das ist die Krux mit menschlichen Definitionen. Sie orientieren sich an menschlichen Erfahrungen. Erweitert sich unsere Perspektive, müssen sich oft auch unsere Definitionen mit erweitern.

Was soll's?

Vielleicht fragst du dich an dieser Stelle, was das soll. All diese Überlegungen sind zwar womöglich interessant, aber wo führen sie hin? Warum wollen wir überhaupt wissen, was Leben ist? Vielleicht ist es für jemanden in der Raumfahrt wichtig, sich Gedanken über Leben auf anderen Planeten zu machen und darüber, ob man es überhaupt als solches erkennen würde. Bestimmt ist es auch für Philosophen ein intellektuell spannendes Thema. Aber warum sollten wir uns an dieser Stelle damit befassen? Hier sind meine drei Gründe:

Erstens: Wir leben selbst und wollen wissen, wer dazu gehört. Wir haben (in aller Regel) Bewusstsein und nutzen diesen Zustand nicht nur, um uns intellektuell interessante Gedanken zu machen, sondern auch dazu, mit anderen zu interagieren. Zu wissen, wer zu unserem Umfeld gehört, welche Rolle wir in diesem kleinen Mikrokosmos spielen und wer eben nicht mehr dazu gehört, ist überlebenswichtig. Dieses Wissen bestimmt unsere Entscheidungen, Ansichten und Interaktionen.

Zweitens: Im Alltag müssen wir ständig ethische Fragen beantworten. Unabhängig von unserer Religion oder unserer Weltanschauung gibt es etwas tief in uns, das uns sagt, dass wir gegenüber einem anderen Lebewesen mehr Verantwortung tragen als zum Beispiel gegenüber einem Stein. Wir müssen entscheiden, wovon wir uns ernähren, unsere Möbel herstellen und wo wir unsere Städte bauen. Wie wir Tiere halten, wie viele Ressourcen wir wo entnehmen und wofür wir sie verwenden. Medizinisch gesehen wollen wir wissen, wann und wie das Leben endet. Ab wann kann für einen Patienten nichts mehr getan werden? Wann muss man lebenserhaltende Maßnahmen einstellen?

Drittens: Es ist auch eine persönliche Frage. Wir wollen wissen, was Leben ist, weil die Antwort auch über unsere Identität entscheidet. Über unsere Ziele und Aufgaben. Und irgendwie auch über unseren Wert. Welche Bausteine braucht es für Leben? Ist reine Biologie genug? Und ab wann ist jemand Lebendiges auch eine Person mit Rechten? Ist das Leben eines Embryos genauso viel wert wie das der Mutter? Wir kennen Diskussionen über »lebenswertes Leben«. Insbesondere beim Menschen diskutieren wir also nicht nur über die

Grundvoraussetzungen für Leben, sondern auch über die Qualität. Dafür scheint es wiederum eine ganze Liste an biologischen, aber auch nichtbiologischen Charakteristika zu geben.

Eine Grundangst, die vor allem bei religiösen Menschen seit dem Aufkommen der Naturwissenschaft oft mitschwingt, ist die Angst, dass die Forschung irgendwann die komplette Biologie des Menschen entschlüsselt hat und sich herausstellt, dass wir eigentlich nichts anderes sind als die Summe aller biochemischen Prozesse, die in unseren Zellen ablaufen. Wie bei einem Computer, den man in seine Einzelteile zerlegt und feststellt, aus wie wenigen Komponenten er eigentlich besteht, haben wir Angst, dass auch wir irgendwann auf unsere Grundbausteine reduziert werden und das, was wir als unsere Seele, unseren Geist, unsere Person wahrgenommen haben, eigentlich nichts weiter ist als klug verschaltete Netzwerke aus biologischem Material.

Wir haben dabei aber nicht nur Angst, unsere Persönlichkeit zu verlieren. Wir haben auch Angst, dass sich dadurch alles Spirituelle, das, was unsere Person mit dem Übernatürlichen, mit Gott und dem großen Ganzen verbindet, als Einbildung herausstellt. Was, wenn es außer der materiellen Welt gar nichts mehr gibt? Wenn sich alles, was wir beobachten können und was wir sind, biologisch erklären lässt?

Bin ich mehr als meine Gene?

Weißt du noch, was du am 1. Oktober 1990 gemacht hast? Falls nicht – kein Problem. Ich kann mich auch nicht mehr daran erinnern. Aber das liegt unter anderem auch daran, dass ich damals erst vier Jahre alt war. In Deutschland wurde an diesem Tag vermutlich immer noch politisch verhandelt, wie die Wiedervereinigung ganz praktisch auszusehen hatte. Dank Internetrecherche habe ich außerdem gelernt, dass an diesem Tag ein Bürgerkrieg in Uganda begann und sich die serbische Minderheit in der jugoslawischen Teilrepublik Kroatien für autonom erklärt hat. Worauf ich aber hinaus möchte, ist, dass an diesem Tag auch ein Projekt begann, das Aufsehen erregt hat wie kaum ein anderes: das Humangenomprojekt.

Dessen Ziel war es, jetzt, da endlich die Technologie zur Verfügung stand und finanziell auch einigermaßen erschwinglich war, das menschliche Erbgut, also den Bauplan einer Zelle, komplett zu entschlüsseln. In einem gewaltigen Forschungsvorhaben und mit einer riesigen Anzahl an internationalen Kollaborationen wurde über einen Zeitraum von insgesamt fast vierzehn Jahren das Erbgut einer kleinen Gruppe Menschen Buchstabe für Buchstabe entziffert.

Da das Erbgut von unterschiedlichen Menschen natürlich variiert, wurden die Sequenzen zu einer Art Mosaik zusammengesetzt. Sie repräsentieren dadurch ein menschliches Erbgut, ohne eins zu eins identisch zu sein mit einem einzigen Individuum. So haben wir außerdem gelernt, an welchen Stellen unseres Erbguts wir uns von unseren Mitmenschen unterscheiden und an welchen nicht. Das ist eine hilfreiche Erkenntnis, wenn es um Vaterschaftstests oder Täterprofile in einem Mordfall geht.

Mehr als sechzehn Jahre später fangen wir an zu sehen, wie die Erkenntnisse aus diesem Projekt geholfen haben, Therapien zu verbessern und in einigen Fällen besser an den individuellen Patienten anzupassen. Auch für alle zukünftigen medizinischen Projekte war dieses ein Meilenstein. Selbstverständlich geht damit aber auch mehr Verantwortung einher. Ein beträchtlicher Anteil der Gelder des Projektes wurde übrigens deshalb auch direkt dafür eingesetzt, die daraus entstehenden sozialen, ethischen und rechtlichen Aspekte zu bedenken.

Aber wo stehen wir jetzt in der Frage nach unserer menschlichen Identität? Hat das Humangenomprojekt alle Fragen beantwortet? Können wir nun erklären, was genau ein Mensch eigentlich ist?

Die kurze Antwort lautet: Nein. Können wir nicht. Die naive Vorstellung, dass ein entschlüsseltes Erbgut erklärt, warum der Mensch komplexer ist als Reis oder eine Zwiebel, war Wunschdenken. Unser Erbgut erklärt viel, aber nicht alles. Denn nur, weil man etwas beobachtet hat, weiß man ja noch lange nicht, was es bedeutet. Dazu braucht es viele weitere Forschungsprojekte. Durch das Humangenomprojekt haben wir zum Beispiel gelernt, dass ein komplexerer Organismus nicht deshalb komplexer ist, weil er mehr Gene hat. Im Vergleich zu Reis haben wir nämlich deutlich weniger Gene.

Zum anderen wissen wir inzwischen aber auch, dass Vererbung eben nicht nur über die Sequenz unserer Gene vonstattengeht, sondern etwa auch darüber, wie unser Erbgut verpackt ist. Nur weil ein bestimmtes Gen vorhanden ist, muss es noch lange nicht zur Hand und aktiv sein. Unser Erbgut liegt ja nicht einfach chaotisch irgendwie in der Zelle herum, sondern wird wie jede gut sortierte Küche immer wieder aufgeräumt.

Außerdem klar ist: Unsere Biologie alleine sagt uns noch nichts über Gott oder unsere Identität. Francis Collins, Leiter des Humangenomprojekts und Christ, schreibt: »Es ist demütigend und beeindruckend für mich zu erkennen, dass wir den ersten Blick auf unser eigenes Lehrbuch erhascht haben, das bisher nur Gott bekannt war. [...] Das menschliche Genom zu sequenzieren und den bemerkenswertesten aller Texte zu entschlüsseln, war für mich sowohl eine erstaunliche wissenschaftliche Erfahrung als auch ein Anlass zur Anbetung.«[1]

---

[1]   Francis Collins (2008): The Language of God: A Scientist Presents Evidence for Belief: Simon & Schuster UK, S. 2 (Zitat übersetzt von der Autorin).

Bin ich mehr als mein Gehirn?

Neben den Genen hat insbesondere ein Organ unsere Aufmerksamkeit sicher, wenn es um Persönlichkeit und Identität geht: unser Gehirn. Während im jüdischen Weltbild der Bibel das Herz als Sitz unserer Persönlichkeit galt und man dort die zentralen Vorgänge wie Fühlen und Denken verankert sah, gehen wir in unserer Gesellschaft davon aus, dass diese Vorgänge in unserem Gehirn zu verorten sind.

Heißt das, man würde meine Persönlichkeit retten, wenn man mein Gehirn nach einem Unfall in einen anderen Körper transplantieren könnte? Wir wissen, dass Schädigungen des Gehirns durch Unfälle oder Drogen zu Persönlichkeitsveränderungen führen können und dass bestimmte psychische Erkrankungen auf biochemische Veränderungen im Gehirn zurückzuführen sind. Es scheint also durchaus einen Zusammenhang zwischen unserer Biologie und unserer Persönlichkeit zu geben. Sind wir Menschen zwar vielleicht mehr als unsere Gene, aber dann letztlich doch nur die Summe unserer Gehirnaktivität?

Vor einigen Jahren haben ein paar Studien Schlagzeilen gemacht, die zeigen, dass Entscheidungen, die wir treffen, in unserem Gehirn messbar sind, bevor sie uns bewusst sind. Bedeutet das, dass Entscheidungen, die ich vermeintlich treffe, eigentlich schon längst von meinem Unterbewusstsein getroffen sind? Bin ich also vielleicht nur die ausführende Hand hinter einem selbstständig agierenden Gehirn?

Aus Forschungszweigen wie der Spieltheorie und anderen Disziplinen, die Entscheidungsprozesse untersuchen, wissen wir, dass unsere Grundannahmen und das, was wir glauben, von verschiedenen Faktoren beeinflusst werden. Dazu gehören Erinnerungen, Wissen, Emotionen, aber auch das persönliche Umfeld. Insbesondere soziale Interaktionen sind ganz wesentlich an Entscheidungsprozessen beteiligt. All diese Faktoren können uns bewusst oder unbewusst sein – was allerdings noch nichts darüber aussagt, ob sie freiwillig oder unfreiwillig ablaufen.

Die Frage, was genau das Bewusstsein eigentlich ist und was eine Person im Kern ausmacht, wird zum Beispiel in der Psychologie oder den Neurowissenschaften erforscht. Bildgebende Verfahren wie die Magnetresonanztomografie (MRT) zeigen anschaulich, wie bestimmte Gehirnareale aktiviert werden oder sich sogar ausweiten, wenn wir lernen. Es gibt also einen Zusammenhang zwischen Verstand und Gehirn. Aber heißt das im Umkehrschluss, dass es gar keinen Verstand gibt, sondern nur einen Haufen aktiver Nervenzellen? Und könnten wir dann einfach eine Kopie unseres Verstandes in einer Maschine herstellen? Oder gibt es Grenzen für künstliche Intelligenz?

Sharon Dirckx, die an der Universität in Oxford lehrt, reflektiert diese Fragen im Spannungsfeld zwischen Neurowissenschaften, Philosophie und Theologie. Sie erklärt, dass man zwar Gehirnaktivität messen kann, Gedanken jedoch nicht. Um etwas über Gedanken zu lernen, muss man nachfragen. Ein MRT kann vermutlich zeigen, dass ich mich freue. Aber das Gerät weiß nicht, dass ich mich auf den Schokokeks freue, der mir versprochen wurde, wenn die Untersuchung abgeschlossen ist.

Wissenschaft hat also nur begrenzt Zugang zur inneren Welt eines Menschen. Die Frage, wie sich eine körperliche und eine nicht-körperliche Welt beeinflussen, bleibt dabei also erst mal offen. Dass sie sich gegenseitig beeinflussen, steht aber außer Frage. Wir alle wissen zum Beispiel, wie mächtig Sprache auch in körperlichen Auswirkungen sein kann.

Statt zu fragen, wie Bewusstsein durch unsere Gehirnaktivität entsteht, geht Dirckx einen anderen Weg. Sie fragt, ob wir vielleicht nur deshalb Bewusstsein haben, weil Gott Bewusstsein hat. Ob wir denken, weil Gott denkt. Sie fragt, ob der Ursprung unseres Bewusstseins und unserer Persönlichkeit möglicherweise jenseits der messbaren Natur liegt. Ob das Einhauchen des Geistes, das im ersten Buch Mose beschrieben ist, vielleicht die Brücke zwischen Gehirnaktivität und Bewusstseins-Gedankenwelt darstellt.

Während andere Neurowissenschaftler die Gehirnaktivität beim Beten messen und versuchen, Gebet biologisch zu erklären, fragt Dirckx, ob das notwendigerweise die richtige Herangehensweise sei. Sie erinnert daran, dass man auch die Gehirnaktivitäten messen kann, die entstehen, wenn wir Schokolade essen oder mit unserem Partner zusammen sind. Diese Gehirnaktivitäten sind aber nicht gleichzusetzen mit der Schokolade oder dem Partner an sich. Im Gegenteil. Nur weil es den Partner oder die Schokolade gibt, sind sie überhaupt messbar. Sie sagt, sie sei nicht besorgt, dass man Gehirnaktivität beim Beten messen könne. Sie wäre vielmehr besorgt, wenn man da nichts messen könnte.

Naturwissenschaft und Glaube

Wir sehen, dass wir bei der Frage, was genau Leben ist, an die Grenzen der Naturwissenschaft stoßen. Sowohl bei Viren als auch unseren Genen oder dem Gehirn. Zum einen liegt das daran, dass unsere Vorstellung von Leben zutiefst von unserer menschlichen Sicht geprägt und damit abhängig von unserer Weltanschauung, Philosophie, Religion usw. ist.

Zum anderen ist aber tatsächlich auch die Naturwissenschaft in ihren Möglichkeiten begrenzt. Das heißt nicht, dass all das, was die Naturwissenschaft momentan nicht erklären kann, nur durch einen Gott erklärt werden kann. Die Naturwissenschaft entwickelt sich ständig weiter, wir finden neue Methoden und Theorien und erweitern ständig unseren Wissenshorizont. Mich begeistert und beeindruckt das. Und deshalb bin ich auch gerne Naturwissenschaftlerin.

Dieser Planet ist wunderschön, vielfältiger, als wir uns vorstellen können, und voller Geheimnisse. Nur weil wir etwas noch nicht entdeckt oder herausgefunden haben, heißt nicht, dass wir das in Zukunft nicht noch tun werden. Wer Gott für die Lücken unseres Wissens verantwortlich macht, macht ihn damit unnötig klein.

In der Bibel lesen wir von den Regel- und Gesetzmäßigkeiten der Natur. Das deckt sich mit unseren Beobachtungen im Alltag. Und erst durch die Annahme, dass es diese Gesetzmäßigkeiten gibt, ist naturwissenschaftliche Forschung überhaupt möglich. Die Regelmäßigkeit, dass ein Gegenstand immer auf den Boden fallen wird, wenn ich ihn loslasse, nennen wir zum Beispiel Schwerkraft. Naturwissenschaftliche Forschung in Europa hat sich aus diesem christlichen Weltbild heraus entwickelt. Denn die Naturwissenschaft misst sich wiederholende Ereignisse.

Interessanterweise kommt Naturwissenschaft aber auch ohne menschliche Vorstellungen nicht aus. Experimente gestalten wir anhand unseres Weltbildes. Wir haben eine Vorstellung davon, nach welcher Art von Nadel wir im großen Heuhaufen suchen. Oder wir benutzen eine bestimmte Sorte Heugabel und schauen, was alles dran hängen bleibt. Manchmal finden wir aber auch zufällig eine neue Art von Nadel und versuchen dann herauszufinden, wo aus dem Heuhaufen sie herkam.

Menschliche Vorstellungskraft, Kreativität und Interpretation sind Grundvoraussetzungen für die Forschung. Mit jeder neuen Erkenntnis muss unser Bild davon, wie die biologische Realität aussieht, auch immer wieder überarbeitet und hinterfragt werden. Während der Coronavirus-Pandemie konnte die ganze Welt sehen, wie jede neue Studie (und davon gibt es mit Stand April 2021 schon mehr als 120 000) neue Erkenntnisse gebracht hat. Manchmal mussten

Aussagen revidiert werden. Das hat zu Verunsicherung geführt. Aber so funktioniert eben Wissenschaft.

Die Bibel ist da ganz anders. Sie ist kein Biologie-Nachschlagewerk. Sie hat nicht den Menschen oder seine Umwelt im Fokus. Sie spricht von Gott. Zum Menschen. Sie spricht mit voller Absicht auch und gerade von den Dingen, die wir naturwissenschaftlich nicht erforschen können. Denn unsere Beobachtungen von der Welt brauchen einen Kontext und einen Ausblick. Den kann die Naturwissenschaft nicht bieten.

Die Bibel zeigt, wie Gott dem Menschen begegnet und eine Beziehung zu ihm aufbaut. Mit mehr als vierzig Autoren, die ihre Gottesbegegnungen über einen Zeitraum von mehr als zweitausend Jahren festgehalten haben, verankert die Bibel ihre Aussagen in der Menschheitsgeschichte. Sie nutzt Beispiele aus der Lebenswelt des Menschen und füllt unsere Beobachtungen von der Welt mit Bedeutung. Ihre Aussagen sind unabhängig von politischen Weltmächten, gesellschaftlichen Vorstellungen und naturwissenschaftlichem Wissensstand, dabei nutzt sie diese aber als Kontext.

Wir haben zurzeit eine eher enge Definition von Wahrheit. Wahrheit ist für uns heute das, was naturwissenschaftlich messbar ist. Aber – wenn auch oft unbewusst – wissen wir, dass es noch mehr Aspekte von Wahrheit gibt. Es gibt die historische Wahrheit, die wir rückblickend nicht beweisen können, die wir aber für wahrscheinlich halten, je nachdem, wie viele glaubhafte und übereinstimmende Überlieferungen wir haben. Es gibt die gemeinschaftliche Wahrheit, das Erbe, das wir als Gesellschaft mit uns herumtragen und worauf wir Systeme aufbauen. Es gibt die persönliche Wahrheit, die die Realität meiner eigenen Gefühle und Wahrnehmungen einschließt. Nur weil andere Menschen die Welt anders wahrnehmen, sind unsere beiden Wahrnehmungen trotzdem wahr, weil für uns real. Und es gibt die geistliche Wahrheit, der wir uns versuchen zu nähern, wenn wir fragen, ob es einen Gott gibt, und wenn ja, wie dieser Gott ist.

All diese Wahrheiten haben ihre Berechtigung, aber auch ihre Begrenzungen. Naturwissenschaft und Glaube konkurrieren nicht um den Wahrheitsanspruch und sie widersprechen sich auch nicht. Sie beleuchten die Realität lediglich aus zwei verschiedenen Perspektiven. Wenn wir uns darauf einlassen, können sie sich gegenseitig bereichern.

Der Physiker und Theologe John Polkinghorne wird immer wieder gerne mit der Frage zitiert, warum das Wasser koche. Eine Antwort ist: Der Gasherd erhitzt durch Verbrennung das Wasser. Eine alternative Antwort ist: Weil ich Tee kochen möchte. Beide Antworten sind absolut korrekt. Die eine Antwort erklärt den wissenschaftlich messbaren Mechanismus, die andere den Kontext.

Damit will ich nicht sagen, dass uns die Bibel überhaupt nichts über unsere Welt und die Menschheitsgeschichte sagen kann oder dass wir durch die Naturwissenschaft nicht auch interessante Wahrheiten lernen können, die uns etwas über das Verhältnis von Gott und Mensch sagen. Aber eben in ihren Grenzen.

Die göttliche Dimension von Leben

Wenn wir bei der Frage, was Leben ist, über den Tellerrand der Naturwissenschaft hinausschauen müssen, wo kommen wir dann hin? Wir haben schon ein bisschen darüber nachgedacht, was genau Persönlichkeit, Seele oder Spiritualität eigentlich sind. Die biblische Antwort auf die Frage, was Leben ist, verweist auf eine zusätzliche Dimension von Leben, die es nur in der Beziehung zu Gott gibt: »Jesus antwortete: ›Ich bin der Weg, ich bin die Wahrheit, und ich bin das Leben! Ohne mich kann niemand zum Vater kommen.«« (Johannes 14,6).

Anknüpfend an den Gedanken, dass es mehr Aspekte von Wahrheit gibt als nur die naturwissenschaftlich messbaren, ermutigt dieser Vers, den Wahrheitsgehalt historisch, gesellschaftlich und persönlich zu überprüfen. Leben wird hier klar in der historischen Person Jesus verankert. Sein Leben ist geschichtlich durch biblische und nichtbiblische Dokumente sehr gut bezeugt. Gesellschaftlich haben wir außerdem Generationen von Gläubigen, deren Leben durch die Begegnung mit dem Jesus der Bibel nachhaltig verändert wurde. Wenn neues Leben in Jesus Christus für diese Menschen persönlich erlebbar war, dann ist es das auch heute noch für uns.

Was ist denn dann aber dieses neue Leben? Welchen Unterschied macht es, diese Ebene von Leben bewusst anzunehmen und zu gestalten? Das ist meiner Meinung nach eine der zentralen Fragen des christlichen Glaubens. Denn wenn dieses neue Leben, das uns versprochen ist, keinen Unterschied macht, ist es im Grunde irrelevant. Da es auf diese Frage vermutlich mehr Antworten als Bücher gibt, hier nur ein paar der Dinge, die mir wichtig sind, und warum es für mich einen Unterschied macht, durch Jesus neues Leben zu haben.

Zum einen lebe ich jetzt ein Leben, in dem ich nicht nur Frieden mit Gott habe, sondern mich zutiefst geliebt weiß. Ich sage bewusst wissen und nicht fühlen, weil es selbstverständlich Tage gibt, an denen ich emotional an dieser Liebe zweifle. Warum kann ich mir an diesen Tagen aber trotzdem sicher sein? Aus diesem Grund: »Und Gottes Liebe zu uns ist daran sichtbar geworden, dass Gott seinen einzigen Sohn in die Welt gesandt hat, um uns durch ihn das Leben zu geben« (1. Johannes 4,9; NGÜ). Nur in diesem Kontext sehe ich den wahren Charakter Gottes. Nur hier kann ich Leid, Angst und Trauer überhaupt ertragen. Und nur in diesem Kontext weiß ich, dass es einen Ort gibt, an dem ich Vergebung für meine Schuld finden kann.

Zum anderen lebe ich ein Leben, in dem ich mit meiner eigenen Machtlosigkeit und dem Wissen darum, dass ich nicht sonderlich viel im Griff habe, gut umgehen kann. Denn ich weiß, dass ich immer noch in der Hand eines Gottes bin, der das letzte Wort hat. Nicht erst die Corona-Pandemie hat uns gezeigt, wie schnell wir an das Ende unserer persönlichen Möglichkeiten kommen. Manchmal hilft nur Hoffen und Beten und ich bin dankbar, dass ich nicht nur weiß, sondern auch immer wieder erlebe, dass Gott Realität ist und auch heute noch handelt.

Ich bin dankbar, dass Leben mit Gott auch ewiges Leben heißt und ich wissen darf, dass am Ende meines biologischen Lebens noch etwas kommt. Aber ich bin auch dankbar, dass Leben mit Gott mehr ist als nur eine Vertröstung aufs Jenseits, nämlich eine andere Realität im Jetzt. In Gemeinschaft mit Gott. Mit Hoffnung und einer Perspektive, die mir hilft, Prioritäten zu setzen und Entscheidungen zu treffen.

Gedanken fürs Reisetagebuch

Wir haben in diesem Kapitel gesehen, dass Leben zwar biologisch messbar ist, aber auch, dass Viren die naturwissenschaftliche Definition von Leben an ihre Grenzen bringen. Denn der Begriff Leben ist zutiefst von unseren Erfahrungen und unserer Weltanschauung geprägt. Das Spannende ist, dass wir daran sehen können, wo die Möglichkeiten der Naturwissenschaft enden und wo es andere Methoden der Wahrheitsfindung braucht. Die Bibel bietet uns eine andere Perspektive auf das Leben und diese Welt. Sie bietet uns ein Leben an, das über die biologische Vorstellung von Leben weit hinausgeht.

Kapitel 3

Das Imperium schlägt zurück: unser Immunsystem

Ich sitze neben meinem Wasserkocher. Da sitze ich oft, denn ich trinke gerne Tee. Und das nicht erst seit ich in England lebe. Aber an diesem Montag im Februar 2015 ist alles anders, denn ich habe gerade zwei Schmerztabletten gefrühstückt, um die vier Meter vom Bett bis zum Wasserkocher überhaupt zu schaffen. Mein Kopf dröhnt und ist heiß. Ich nehme meine Umgebung nur wie durch eine dicke Schicht Watte wahr und bilde mir ein, jeden einzelnen meiner Knochen tief unter den Muskeln zu spüren, die ich natürlich auch spüre.

Das ist sie also. Die echte Grippe. Während ich so neben meinem Wasserkocher sitze, habe ich zwei Gedanken. Erstens: Wie komme ich jetzt gleich eigentlich wieder zurück ins Bett? Und zweitens: Es wird höchste Zeit, dass mal jemand etwas gegen Grippeviren unternimmt. Ich vermute, dass Letzteres von meinem Gehirn ironisch gemeint war. Denn zu diesem Zeitpunkt arbeite ich schon seit fast drei Jahren in einem Institut, das zum größten Teil an Grippeviren forscht, und mir ist der enorme Aufwand, der weltweit in der Grippeforschung betrieben wird, durchaus bewusst. Ich kenne deutlich mehr Details über Grippeviren als die meisten anderen Menschen auf diesem Planeten. Gleichzeitig weiß ich, dass es zu kurz gedacht ist, meinen desolaten Zustand allein dem Virus in die Schuhe zu schieben.

Was genau tut unser Körper eigentlich, wenn wir uns infiziert haben? Warum machen Viren trotz Immunsystem krank? Und wie werden wir sie wieder los? Für eine Antwort auf all diese Fragen müssen wir uns auf eine Reise durch unser Immunsystem begeben.

Lasagne-Geruch und eine verrückte Suche

Verlegst du auch manchmal deinen Schlüssel? Ich bin eigentlich ein sehr gut organisierter Mensch. Umso traumatischer ist es, wenn ich meinen Schlüssel dann plötzlich wirklich nicht finden kann (meistens übrigens, weil er noch in der Hosentasche der Jeans ist, die ich am Vortag getragen habe). Lange dachte ich, dass es die Suche nach verlegten Gegenständen ist, die uns Menschen irgendwann in den Wahnsinn treiben wird. Doch viel schlimmer ist die Suche nach etwas, das überhaupt nicht da sein sollte. Denn da weiß ich gar nicht, wonach ich suchen soll.

Als ich eines Abends aus dem Labor nach Hause kam und die Haustür öffnete, war er da: Ein starker Geruch nach Lasagne. Aber da war keine Lasagne. Nicht in der Küche und auch nicht in den anderen beiden Zimmern meiner kleinen Wohnung. Ich wohnte allein und hatte dank einem preiswerten Mensa-Angebot direkt neben meinem Labor schon seit bestimmt fünf Tagen nicht mehr gekocht. Man sollte meinen, dass ich die Suche nach dem Ursprung des Geruchs irgendwann aufgegeben hätte, aber wenn ich ehrlich bin, dann habe ich noch nach drei Tagen gesucht und – was viel schlimmer war – erheblich an meiner Sinneswahrnehmung und meinem Verstand gezweifelt. Drei. Lange. Tage. Bis ich zufällig meine Nachbarin traf, die sich dafür bedankte, dass ich ihr mal einen Ersatzschlüssel für meine Wohnung gegeben hatte. Das hatte sich für sie als super nützlich entpuppt, nachdem ihr Backofen plötzlich den Geist aufgegeben hatte und die Lasagne noch nicht fertig war. Aaahhh …

Welch intellektuelle Erleichterung! Ich war weder verrückt noch hatten mich meine Sinne getäuscht. Aber ich hatte auch zum ersten Mal Mitgefühl mit meinem Immunsystem. Denn das arbeitet schon seit 1986 täglich treu daran, Dinge zu suchen und zu bekämpfen, die gar nicht da sein sollten. Keine leichte Aufgabe, wenn man bedenkt, aus wie vielen Tausenden von Bestandteilen jede einzelne Zelle unseres Körpers besteht. Dazu gibt es noch verschiedene Sorten Zellen, die die unterschiedlichsten Formen von Gewebe formen und sich im Laufe der Entwicklung auch noch ständig verändern. Wie also identifiziert unser Immunsystem Dinge, die nicht dazugehören, ohne verrückt zu werden?

Grundsätzlich arbeitet unser Immunsystem mit drei verschiedenen Taktiken oder Phasen, die unseren Körper vor potenziellen Krankheitserregern schützen sollen. Die erste Phase ist ebenso simpel wie logisch. Physische und chemische Barrieren machen es dem Krankheitserreger schon mal schwer, überhaupt in das Körperinnere vorzudringen. Zu diesen Barrieren gehören unser größtes Organ, die Haut, aber auch der hohe Salzsäuregehalt unseres Magens oder Schleim, der zum Beispiel im Verdauungstrakt oder in den Atemwegen die äußerste Schicht von Zellen bedeckt. Durch diese Schutzbarrieren wird dafür gesorgt, dass erst gar nicht viele Fremdkörper in unseren Körper eindringen können. In der Regel gelingt Krankheitserregern das erst, wenn sie, wie meine Nachbarin, einen Schlüssel haben oder wenn sie wissen, welche Türklingel sie drücken müssen, damit ich ihnen selbst die Tür öffne. Das haben wir bereits im ersten Kapitel kennengelernt.

Sobald ein Krankheitserreger es geschafft hat, in unseren Körper und unsere Zellen vorzudringen, kommen die zweite und dritte Phase zum Zug. Der wichtigste Schritt dabei ist zunächst, dass unser Immunsystem möglichst schnell wahrnimmt, dass etwas nicht stimmt. Das sogenannte angeborene Immunsystem, die zweite Phase, ist dabei erstaunlich schnell. Innerhalb von wenigen Minuten nachdem ein Virus oder Bakterium in eine unserer Zellen vorgedrungen ist, ist es bereits aktiv. Da zu diesem Zeitpunkt aber noch völlig unklar ist, worum es sich handelt, ist die Reaktion sehr breit und läuft zu großen Teilen, wie meine Suche nach der Lasagne, ins Leere. Im Gegensatz zu mir warnt eine betroffene Zelle aber augenblicklich auch alle umliegenden Zellen, sodass diese schon mal das verfügbare Arsenal an Verteidigungsstrategien in Position bringen können, bevor das Virus zur Stelle ist. Vielleicht hätte ich meine übrigen Nachbarn auch vor dem Lasagne-kochenden Einbrecher warnen sollen? Aber da ich mir ja nicht mal sicher war, dass da überhaupt Lasagne in meiner Wohnung gewesen war, war ich nicht so auf Zack, wie es mein Immunsystem an meiner Stelle gewesen wäre.

Nach erfolgreicher Identifikation des Einbrechers stoßen unsere Zellen dann die dritte Phase der Immunreaktion an, das sogenannte erworbene Immunsystem. Bis dieses System hochgefahren ist und effektiv arbeitet, dauert es einige Tage. Es ist dann aber hochspezifisch und kann ein Gedächtnis ausbilden. Infiziert uns der gleiche oder ein sehr ähnlicher Erreger ein zweites Mal, kann dieser Teil des Immunsystems sehr spezifisch, effizient und einigermaßen schnell agieren.

Die Nadel im Heuhaufen oder: Wie finde ich ein Virus?

Kommen wir zurück zur Frage, wie man eigentlich am effektivsten nach etwas sucht, von dem man gar nicht genau weiß, was es ist oder ob es überhaupt da ist. Im Fall der Lasagne haben wir gesehen, wie wichtig es für eine erfolgreiche Suche ist, sich in der Umgebung auszukennen. Nur wer weiß, was normal ist, wird das Abnormale finden.

Nur wer weiß, was wohin gehört und wie es auszusehen hat, wird merken, wenn etwas am falschen Ort liegt oder plötzlich eine Delle hat.

Genauso funktioniert es auch in unserer Zelle. Die an der Suche beteiligten Sensoren entscheiden ganz einfach danach, ob das, was sie finden, am falschen Ort liegt oder nicht ganz richtig aussieht. Der Geruch einer Lasagne im Hausflur hätte mich nicht irritiert – denn irgendeiner meiner Nachbarn kocht immer –, aber in meiner Wohnung war er definitiv falsch. Genauso erkennt eine Zelle, dass etwas falsch ist, wenn sie plötzlich genetisches Material im Zytoplasma statt im Zellkern findet. Dort kann es nämlich auf natürlichem Wege eigentlich nicht hingekommen sein. Ebenso merken zelluläre Sensoren auch an kleinen Details, ob ein bestimmter Baustein zur eigenen Zelle gehört oder nicht.

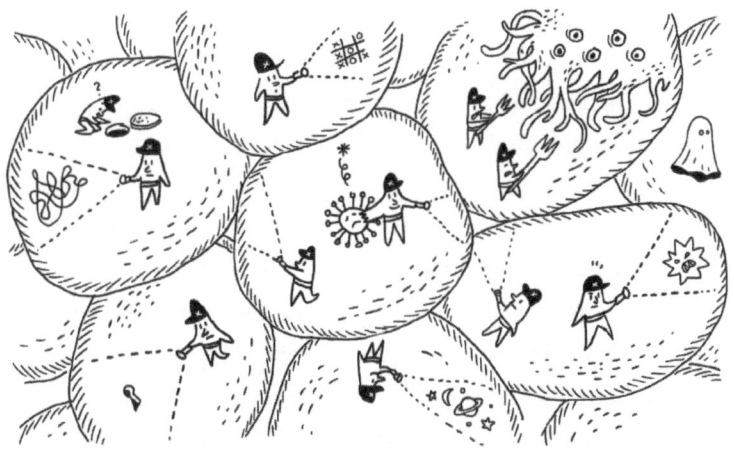

Ein weiterer Vorteil für eine erfolgreiche Suche ist es, wenn man einen ganzen Suchtrupp hat. Dann können nämlich verschiedene Räume gleichzeitig durchsucht werden oder verschiedene Mitglieder des Suchteams im gleichen Raum auf unterschiedliche Details achten. So gibt es auch in unseren Zellen eine Vielzahl unterschiedlichster Sensoren, die in unterschiedlichen Teilen der Zelle zu finden sind und wiederum jeweils auf unterschiedliche Merkmale achten. Das erhöht die Chance dramatisch, etwas zu finden, von dem man gar nicht weiß, wie es aussieht. Denn wie im ersten Kapitel besprochen, sehen verschiedene Virusfamilien oft völlig anders aus und haben auch unterschiedliche Tricks parat.

Außerdem wichtig für eine erfolgreiche Suche ist gute Kommunikation. Nicht erst seitdem diverse Social-Media-Kanäle die schnelle Verteilung von Fake News dramatisch beschleunigt haben, ist uns bewusst, dass es hilfreich ist, Informationen erstens auf ihren Wahrheitsgehalt zu überprüfen, bevor man zur Tat schreitet, und diese zweitens noch nach ihrer Dringlichkeit zu ordnen. Sonst gehen die wichtigen Infos in der Informationsflut vielleicht verloren.

Die Zelle muss nach erfolgreicher Suche also entscheiden, ob sie die Umgebung mit einem freudigen Heureka zu informieren hat oder sich wieder entspannt zurücklehnen kann. Die Suchmannschaft in unseren Zellen ist deshalb mit dazugehörigen Adaptern ausgerüstet. Das sind quasi persönliche Postboten, die bei erfolgreicher Suche die Information sofort weiterleiten. Der Vorteil ist, dass eine Information durch die beteiligte Kette an Postboten schon mal gefiltert und die Stärke des Signals reguliert wird. Wer regelmäßig Werbung im Briefkasten hat, wünscht sich vielleicht auch, dass der Postbote bereits vorsortieren würde. Man will ja in einem großen Stapel Werbeblättchen nicht den Brief der Oma übersehen.

Was nun? Die Zelle hat also ein Gefahrensignal aus all den gesammelten Informationen herausgefiltert. Das Erste, was sie tut, ist, einen Botenstoff zu produzieren, um die Gefahr publik zu machen. Vielleicht ist das vergleichbar mit einer Tageszeitung. Die unterschiedlichen Ereignisse, die innerhalb einer Zelle über einen bestimmten Zeitraum beobachtet, gewichtet und weitergeleitet wurden, werden als Information nicht nur an den eigenen Haushalt, sondern auch an die umliegenden Haushalte gemeldet. Der Botenstoff im Fall der Zelle heißt Interferon, weil Wissenschaftler früh bemerkt haben, dass dieser Botenstoff sehr effizient die Vermehrung von Viren hemmt, also mit ihrer Vermehrung interferiert. Diese Botenstoffe können von fast allen Zellen des menschlichen Körpers hergestellt werden. Und durch verschiedene Arten von Interferonen können unterschiedliche Reaktionen ausgelöst werden.

Beeindruckend ist: Wir befinden uns noch immer in den ersten Minuten bis wenige Stunden nach einer Neuinfektion und das Virus wurde inzwischen nicht nur gefunden, sondern auch schon als Gefahr gemeldet.

Werkzeug-Wunder

Was jetzt passiert, kann man ungefähr mit dem Moment vergleichen, in dem ich als Studentin entdeckt habe, dass man die meisten Baustellen im Haushalt mit den feinen Pinzetten und Sonden eines anatomischen Präparierbestecks beheben kann (ja, es hat sich gelohnt, dass ich dieses Werkzeug für meinen Kurs im dritten Semester anschaffen musste). Über die Jahre hat sich zwar in meinem Werkzeugkoffer immer mehr spezialisiertes Werkzeug angesammelt, aber ich muss zugeben, dass ich erstaunt bin, wie viel man mit nur wenigen vielfältig einsetzbaren Gegenständen ausrichten kann.

Die Zelle hat in diesem Moment sowieso keine andere Chance. Weil das Herstellen eines spezifischen Werkzeugs, um das Virus auszuschalten, mit etwa sieben Tagen zu lange dauert, muss sie versuchen, das Virus in den ersten Stunden nach der Infektion in Schach zu halten. Die Zelle hat dabei jedoch nicht nur ein einziges, sondern eine ganze Gruppe vielseitig einsetzbarer Werkzeuge, die durch die Nachricht der Interferone sofort produziert werden.

Diese sogenannten Interferon-stimulierten Gene (ISG) bestehen aus mehr als dreihundert Molekülen unterschiedlichster Art. Unabhängig davon, welches Virus gerade infiziert, werden alle Moleküle produziert. Frei nach dem Motto: Eines wird schon helfen. Jedes Werkzeug hat ein ganz eigenes Repertoire an Funktionen und Angriffsflächen. Nicht jedes ISG wirkt gegen jedes Virus, aber viele wirken gegen eine Reihe verschiedener Viren, und das noch zu verschiedenen Zeitpunkten im Verlauf einer Infektion. Einer meiner Professoren hat sein Lieblingsprotein oft mit einem Schweizer Taschenmesser verglichen, weil es nicht nur die unterschiedlichsten Viren angreifen kann, sondern das auch noch an verschiedensten Stellen im Lebenszyklus des Virus. Insgesamt also ein sehr beeindruckendes kleines Werkzeug.

Neben den vielen Werkzeugen in unseren Zellen gibt es auch noch ganz spezielle Zellen, die in unserem Blut zirkulieren und ausschließlich für unser Immunsystem arbeiten. Jeder von uns bildet zum Beispiel hundert Milliarden Granulozyten pro Tag. Sie können

Erreger mit dem Inhalt ihrer Granula, das sind Körner in ihrem Inneren, angreifen, sie auffressen oder in Netze hüllen, also quasi fesseln. Makrophagen, auch Riesenfresszellen genannt, fressen alles, was keine gesunden körpereigenen Markierungen aufweist. Die natürlichen Killerzellen sind so etwas wie die Heckenschützen unter den Immunzellen. Sie können infizierte Zellen töten, ohne dass sie vorher mit dem Krankheitserreger in Kontakt gekommen sind, weil auch sie das Fehlen gesunder körpereigener Markierungen bemerken. Fehlt die Markierung, greifen sie an und töten die entsprechende Zelle. Das ist der Grund, warum manche Viren zelluläre Proteine nachbauen, damit das Umfeld keinen Verdacht schöpft.

Wirkung und Nebenwirkung

In einem Anflug von Abenteuerlust hatte ich eine Reise gebucht, bei der ich als Teil einer Gruppe sechs Tage lang durch Grönland wandern wollte. Aus Gründen der Sicherheit hätte ich das natürlich nie alleine in Angriff genommen. Allerdings schützt einen eine Gruppenreise auch nicht vor Unannehmlichkeiten wie Schlafmangel durch Nachtwachen (zum Schutz vor Eisbären), Dauerregen (nach dieser Erfahrung fühlt sich mein Leben in England an wie Sommerurlaub) oder körperliche Erschöpfung (denn Laufen musste ich ja selbst).

Da ich zumindest auf die körperliche Erschöpfung vorbereitet sein wollte, trainierte ich im Vorfeld regelmäßig. Zweimal pro Woche joggen für mein Herz-Kreislauf-System und einmal pro Woche mit bis zu zwanzig Kilo Gepäck wandern. Auch wenn ich mich langsam steigerte und das Gepäck nach und nach anpasste, hatte das Training seinen Preis. Muskelkater ist ein schönes Beispiel, wie etwas, was uns eigentlich schützen und stärker machen soll, auch unangenehme Nebenwirkungen haben kann. Die gleichen Bewegungen, durch die meine Muskeln gelernt haben, längere Belastung und größeres Gewicht zu tolerieren, haben auch dazu geführt, dass kleine Muskelrisse mir Schmerzen zugefügt haben.

Ganz ähnlich haben auch die Botenstoffe, die wir im Kampf gegen ein Virus fleißig produzieren, so ihre Nebenwirkungen. Es sind die klassischen Erkältungssymptome: Fieber, Schnupfen, Gliederschmerzen. Diese Symptome werden nicht direkt von Viren ausgelöst, sondern von unserem eigenen Immunsystem. Das Interferon kann nämlich auch als Pyrogen fungieren. Pyrogene sind sogenannte Fieber auslösende, entzündlich wirkende Stoffe. Sie verstellen quasi den Temperatur-Sollwert im Körper, was dann die erhöhte Körpertemperatur hervorruft. Erhöhte Temperatur und Fieber sind also in der Regel ein Resultat unserer Immunreaktion und helfen, Krankheitserreger schneller zu bekämpfen. Deshalb werden diese Symptome auch von so vielen unterschiedlichen Viren ausgelöst. Sie haben einfach sehr wenig mit dem speziellen Virus zu tun, sondern mit unserer Immunreaktion, die zumindest in den ersten paar Stunden immer stur nach Schema F abläuft.

Es gibt noch andere Beispiele, die zeigen, dass eine schnelle und bestimmt ausgeführte Immunantwort nicht immer nur Vorteile hat. Insbesondere Allergiker oder Menschen, die unter einer Autoimmunkrankheit leiden, kennen das gut. In diesen Fällen gibt es zwei Probleme: Zuerst wird ein Ereignis als Gefahr bewertet, das gar keine Gefahr darstellt. Die Sensoren liegen also falsch und haben etwas gefunden, von dem sie dachten, dass es hier nicht hingehört. Das Immunsystem reagiert entsprechend wie im Ernstfall und verursacht Nebenwirkungen mit zum Teil schwerwiegenden Folgen. Bei Heuschnupfen reagiert das Immunsystem auf eigentlich harmlose Pflanzenpollen. Bei Autoimmunerkrankungen wie Multipler Sklerose oder der chronischen Darmerkrankung Colitis ulcerosa reagiert es fälschlicherweise auf Bestandteile des eigenen Körpers.

Im Falle einer Infektion mit einem Virus ist die Gefahr zwar real, aber die Details unserer Immunantwort können trotzdem ernsthafte Konsequenzen haben. Bei vielen Viruserkrankungen wird der Verlauf der Krankheit nämlich auch zu einem großen Teil von unserem Immunsystem bestimmt. Ein ganz aktuelles Beispiel ist die Coronavirus-Pandemie. Obwohl die Viruspartikel sich zwischen den verschiedenen Patienten so gut wie nicht unterscheiden, sind die Krankheitsverläufe oft dramatisch unterschiedlich. Männer sind oft deutlich schwerer betroffen als Frauen, weil diese, was manche Sensoren angeht, genetisch im Vorteil sind. Auch bei der Produktion einer Reihe von Botenstoffen und der Aktivierung weiterer Immunzellen zur Abwehr des Virus gibt es erhebliche Unterschiede zwischen Mann und Frau. Diesen Effekt kann man übrigens auch beim sogenannten Männerschnupfen beobachten. Das Phänomen ist also realer, als manche Frau wahrhaben will, und wenn der Göttergatte mal wieder aussieht wie der Tod, fühlt er sich womöglich auch so.

Bei einer guten Immunantwort kommt es auf richtiges Timing an, die Aktivierung und Inaktivierung der richtigen Mitspieler und vor allem auch auf eine gute Balance. Werden viele entzündungsfördernde Faktoren aktiviert, steigt zwar die Chance, den Krankheitserreger schnell zu besiegen. Aber ebenso steigt die Gefahr von Gewebeschäden. Sind zu viele entzündungshemmende Faktoren aktiv, schützt das zwar das eigene Gewebe, senkt aber die Chance, das Virus effektiv zu bekämpfen.

Fledermaus müsste man sein

Jetzt denkst du dir vielleicht: Na klar – keine Wirkung ohne Nebenwirkung. Da muss man halt durch. Interessanterweise gibt es in der Natur aber auch Beispiele, in denen Viren und Wirt, also der Organismus, in dem das Virus sich vermehrt, fast friedlich nebeneinanderher zu existieren scheinen. In Fledermauskolonien zum Beispiel zirkulieren erstaunlich viele Viren, ohne dass die Fledermäuse krank werden. Noch sind viele Besonderheiten des Fledermaus-Immunsystems nicht erforscht, aber interessant ist, dass in Fledermäusen weniger entzündungsfördernde Signale durch ein Virus aktiviert werden, stattdessen mehr entzündungshemmende. Dadurch werden die Viren zwar nicht vernichtet, aber die Fledermäuse werden auch nicht krank. Ob das jetzt besser oder schlechter ist, darüber kann man vermutlich streiten.

Therapeutisch wird das Wissen, dass ein Teil unserer Erkrankung eigentlich unserem Immunsystem zuzuschreiben ist, auf jeden Fall schon genutzt. Viele Therapien zielen auf die Abwandlung unserer Immunantwort anstatt auf die aktive Bekämpfung des Virus ab. Nur durch das Abschwächen einer Immunreaktion können oftmals lebensgefährliche Zustände verhindert werden.

Der Trick dabei ist, die Immunantwort nicht zu sehr abzuschwächen und vor allem den richtigen Zeitpunkt zu finden. Zu frühes Eingreifen führt zu einer massiven Ausbreitung des Krankheitserregers, bei zu spätem Eingreifen kann es sein, dass der Gewebeschaden schon zu groß ist. Interferone werden schon lange therapeutisch eingesetzt, etwa bei der Behandlung von viraler Hepatitis, aber auch bei Multipler Sklerose oder in Krebstherapien. Allerdings muss man auch immer mit den beschriebenen Nebenwirkungen rechnen. Die Forschung versucht deshalb, die genauen zeitlichen Abläufe nach einer Infektion, die verschiedenen Hauptdarsteller und die Einflüsse verschiedener Rahmenbedingungen, wie Stoffwechselveränderungen oder Sauerstoffgehalt im Gewebe, besser zu verstehen. Durch dieses Wissen wird es einfacher werden, therapeutisch richtig einzugreifen. Allerdings muss dabei berücksichtigt werden, dass Menschen individuell unterschiedlich reagieren können.

Wettrüsten

Unsere Immunantwort bringt also auch unangenehme Konsequenzen mit sich. Die dunkle Seite der Macht sozusagen. Im Gegensatz zu Charakteren bei Star Wars (oder anderen epischen Werken aus Hollywood) kann man bei den Hauptdarstellern jedoch nicht eindeutig einen Zeitpunkt definieren, an dem sie von der guten zur bösen Seite überlaufen. Kein Bestandteil unseres Immunsystems ist nur gut oder nur böse. Alle Bestandteile können zum Guten und zum Schlechten wirken, oftmals gleichzeitig. Wie der Einzelfall dabei verläuft und zu welchem Preis das Virus bekämpft wird, hängt dabei von einem komplexen Netzwerk an Faktoren ab.

Was wir aus guten Filmen auch wissen, ist, dass Gegner immer voneinander lernen. Sie beobachten sich, merken sich Stärken und Schwächen, aber auch Strategien und Denkweisen. So ähnlich kann man sich das auch bei Viren und dem Immunsystem vorstellen. Jede Interaktion zwischen Virus und Immunsystem zwingt beide Seiten zum Lernen und zur Weiterentwicklung. Die Weiterentwicklung passiert natürlich nicht bewusst, aber dennoch beständig. Nur die Viren, die eine erfolgreiche Strategie haben, sich vor dem Immunsystem zu verstecken oder eine Immunantwort zu blockieren, können sich vermehren. Die erworbenen Eigenschaften bleiben so ganz natürlich in der Gesamtpopulation der Viren erhalten.

Genauso ist es in meinem Wohnzimmer mit den Zimmerpflanzen. Ich bin keine gute Gärtnerin. Ans Gießen erinnere ich mich eher zufällig und in unregelmäßigen Abständen. Die Pflanzen, die bei mir überleben, sind also die, die vermutlich unter natürlichen Bedingungen auch in Wüstengebieten überleben würden. Wenn es plötzlich regnet, können sie erstaunliche Mengen an Wasser speichern. Danach überleben sie dann überraschend lange ohne einen Tropfen Wasser. Nur die Pflanzen, die das schon können oder in

meinem Wohnzimmer lernen, werden überleben und Ableger produzieren. Alle anderen enden früher oder später in meinem Biomüll.

Andersrum funktioniert es ebenso. Es wird geschätzt, dass etwa
dreißig Prozent aller Veränderungen in (in Säugetieren konservier-
ten) menschlichen Proteinen, die durch Anpassung erfolgen, durch
den Druck von Viren verursacht wurden. Damit haben Virusinfektionen wahrscheinlich über die Jahrtausende und Jahrmillionen nicht
nur unser Immunsystem, sondern auch alle anderen Zell-Abläufe,
wie wir sie im Moment beobachten können, geformt. Ohne Viren
wären also auch wir nicht, wer wir heute sind. Doch dazu mehr in
Kapitel neun.

Das Endergebnis dieses gegenseitigen Wettrüstens – ja, wir nennen das in der Forschung wirklich so! – ist eine immer größere Viel-
schichtigkeit auf beiden Seiten. Gleichzeitig führt es aber auch dazu,
dass langfristig nie eine von beiden Seiten die Oberhand gewinnt.
Dieses Phänomen wird in der Forschung als Red-Queen-Hypothese
bezeichnet. Das Bild, das dahintersteckt, stammt aus dem Buch *Alice
hinter den Spiegeln* von Lewis Carroll und wurde 1973 von Leigh van
Valen zur Veranschaulichung vorgeschlagen. In *Alice hinter den Spiegeln* trifft Alice auf eine Rote Königin. Egal, wie schnell die beiden
rennen, kommen sie doch nicht vorwärts. Die Rote Königin erklärt,
dass man dort so schnell rennen müsse, wie man könne, um am
gleichen Fleck zu bleiben. So ähnlich kann man sich auch das Wettrüsten zwischen Virus und Immunsystem vorstellen.

Geht das nicht etwas genauer?

Das angeborene Immunsystem gibt in den ersten Stunden einer
Infektion alles, kann aber die Vermehrung des Erregers nicht immer
ganz verhindern. Gibt es denn keine Möglichkeit, den Erreger geziel-

ter zu bremsen? Können wir Viren nicht endgültig auslöschen? Dazu müssen wir uns mit unserer erworbenen Immunität und dem Thema Impfen auseinandersetzen.

Alle bisher aufgezählten Mechanismen funktionieren unspezifisch. Das heißt, kein einziger der Beteiligten muss dazu irgendetwas über den Krankheitserreger wissen. Will man aber gezielt gegen ein Virus vorgehen, muss man zunächst einmal wissen, worum genau es sich handelt. Informationen einzuholen ist immer der Schlüssel zum Erfolg. Unser Immunsystem besitzt deshalb auch Zellen, die Informationen über die Ursache einer Infektion einholen und an andere weitergeben, damit diese gezielt etwas dagegen unternehmen können.

Zu diesen Zellen gehören zum Beispiel die Riesenfresszellen, um die es in diesem Kapitel schon ging. Denn sie fressen nicht nur Krankheitserreger oder infizierte Zellen, sondern präsentieren Teile des Gefressenen dann auch nach außen. Was unappetitlich klingt, hat aber den Vorteil, dass die Ursache einer Infektion direkt kommuniziert wird. Das ist so wie bei einem sehr schönen Kinderfoto von mir, das zeigt, wie ich nach dem Essen am Tisch sitze. Obwohl man nicht sieht, was es gab, ist durch meine rot tropfenden Hände und Arme und meinen ziemlich verschmierten Mund nicht schwer zu erraten, dass das wohl Kirschen waren.

Daneben gibt es auch noch andere Zellen wie etwa die dendritischen Zellen, deren wichtigste Aufgabe die Kommunikation ist. Sie sind damit wichtige Verbindungsglieder zwischen dem angeborenen und dem erworbenen Immunsystem.

Eine zentrale Lektion, die wir vermutlich alle in der Schule gelernt haben, ist, dass es immer darauf ankommt, was man draus macht. Nur weil man uns Informationen an den Kopf wirft, heißt das ja noch lange nicht, dass wir damit auch etwas anfangen können, geschweige denn, dass wir uns das länger als drei Minuten merken.

Was macht also unser Immunsystem mit all den Infos? Und wie baut es dann auch noch ein Gedächtnis auf?

Die Hauptakteure des erworbenen Immunsystems heißen B-Zelle und T-Zelle, von denen es jeweils die unterschiedlichsten Ausführungen und Spezialisierungen gibt. Damit sie ganz gezielt gegen einen Erreger arbeiten können, durchlaufen sie eine komplizierte Ausbildung, in der alle Zellen ausgiebig getestet und immer wieder aussortiert werden. Arbeiten darf nur, wer durch einen bestimmten Rezeptor auf der Zelloberfläche Informationen erkennt – sprich: wer die Tafel sehen kann –, und wer danach auch noch Fremdes von Bekanntem unterscheiden kann. Ein bisschen differenziertes Denken ist also auch gefragt, damit wir nicht ständig von unserem eigenen Immunsystem angegriffen werden.

Je nach Aufgabe gibt es dann verschiedene Ausführungen. Wie der Name vermuten lässt, sind die Killer-T-Zellen die, die infizierte Zellen töten und damit dem Infektionsgeschehen ein Ende bereiten. T-Helfer-Zellen bilden wichtige Botenstoffe und locken damit eine Reihe anderer Immunzellen an den Ort des Geschehens. Regulatorische T-Zellen wiederum verhindern eine überschießende Immunantwort. Gedächtniszellen bleiben auch nach erfolgreicher Beseitigung einer Infektion im Blut und können bei einer erneuten Infektion mit dem gleichen Erreger die ursprüngliche Aktivierung direkt wiederherstellen. Durch dieses Erinnerungsvermögen können wir Erreger, die wir einmal erfolgreich bekämpft haben, viel schneller überwältigen, wenn wir ihnen ein zweites Mal begegnen.

Auch von den B-Zellen gibt es eine ganze Reihe. Sie sind unter anderem dafür zuständig, Antikörper zu bilden. Auch das ist ein komplexer Prozess, dessen Qualität genau überprüft wird. Am Ende ihrer Ausbildung kann jede B-Zelle nur eine Sorte Antikörper bilden. Denn das beinhaltet komplizierte und nicht rückgängig zu machende Genumlagerungen in der B-Zelle.

Die gebildeten Antikörper sind ein ziemlich ausgeklügeltes und für verschiedene Aufgaben einsetzbares Werkzeug. Über die kurzen Arme des Y-förmigen Proteins können sie Viren, Bakterien oder andere lose herumschwimmende Bestandteile im Blut binden. Über das lange Y-Ende kommunizieren sie mit anderen Bestandteilen des Immunsystems. Dadurch helfen Antikörper auf unterschiedlichste Art und Weise, Krankheitserreger unschädlich zu machen. Sie können Rezeptoren von Viren blockieren, sodass die nicht mehr in Zellen eindringen können, oder die Erreger zum Abbau markieren. Je nach Typ können mehrere Antikörper zusammen infizierte Zellen oder Fremdkörper zusammenkleben. Diese Klumpen können die Fresszellen dann aus dem Verkehr ziehen.

Dadurch, dass Antikörper so klein sind und durch diverse Barrieren hindurchkommen, können sie zum Beispiel auch ein ungeborenes Kind im Mutterleib schützen. Und auch das Stillen kann den mütterlichen Nestschutz unterstützen, während das Immunsystem des Säuglings lernt, selbst Antikörper zu produzieren.

Antikörper sind auch sehr nützlich, wenn es darum geht, die Ursachen einer Erkrankung herauszufinden. Dadurch, dass man im Blut sehen kann, welche Antikörper unser Immunsystem gerade bildet, kann man Rückschlüsse darauf ziehen, womit wir infiziert sind. Dieses Prinzip nutzen wir bei den Coronavirus-Schnelltests. Nach dem gleichen Prinzip kann man auch sehen, welche Erkrankungen wir kürzlich durchgemacht haben.

Da Antikörper so ein hervorragendes und spezifisches Werkzeug gegen Krankheitserreger sind, gibt es ganze Arbeitszweige in der Pharmaindustrie, die sie künstlich herstellen. Sie kommen aber nicht nur gegen Infektionserkrankungen zum Einsatz, sondern auch gegen eine ganze Reihe anderer Erkrankungen, wie zum Beispiel Autoimmunerkrankungen oder Krebs.

Die Sache mit dem Impfen

Die größte Schwierigkeit ist, dass Viren, wie wir in Kapitel eins gesehen haben, im Gegensatz zu Bakterien nicht lebendig sind. Damit ist es leider nicht so einfach, mal eben schnell ein paar Medikamente gegen Viren zu entwickeln. Da Viren zum allergrößten Teil Prozesse der Zelle nutzen, müssten wir ja unsere eigenen Zell-Prozesse behindern, um die Virusproduktion zu stoppen. Diese Prozesse brauchen wir aber selbst zum Leben.

In Einzelfällen konnte die Forschung Moleküle entwickeln, die Prozesse, die speziell Viren betreffen, stören können, ohne dass unsere Zellen einen größeren Schaden davontragen. Der Wirkstoff Aciclovir, der in Cremes gegen Lippenherpes oder in Form von Tabletten und Infusionen gegen andere Herpesviren eingesetzt wird, ist so ein Beispiel. Ein weiteres ist die Kombinationstherapie aus verschiedenen Medikamenten, die die Viruslast einer HIV-Infektion niedrig halten und den Ausbruch von Aids verhindern. Die Therapie muss aber jeweils möglichst früh nach der Infektion starten. Das ist oft schwierig, weil wir eine Infektion ja in der Regel erst durch bestimmte Symptome bemerken und sich das Virus bis dahin schon fleißig vermehrt hat.

Eine deutlich effektivere Methode, Viren zu bekämpfen, besteht darin, das Virus aus dem Verkehr zu ziehen, bevor es überhaupt in unsere Zellen gelangt. Neben allgemeinen Hygienekonzepten, die uns in den letzten Jahrzehnten so einiges an Infektionserkrankungen erspart haben, oder der Isolation eines Infizierten sind Impfungen die effektivste Möglichkeit.

Impfungen liegt die Idee zugrunde, dass man den langen Prozess, in dem unser Immunsystem einen Krankheitserreger kennenlernt und mühevoll eine gezielte Antwort erzeugt, für das Immunsystem in einem ungefährlicheren Szenario nachahmt, bevor uns der richtige

Erreger überhaupt in Gefahr bringt. Bei einer Impfung werden dem Immunsystem also wichtige Details eines Erregers, die es danach erfolgreich wiedererkennen soll, gezeigt. Das Immunsystem wird dabei natürlich auch ein bisschen provoziert, damit es eine vernünftige Antwort einstudiert. Eine kleine lokale Entzündungsreaktion lockt Immunzellen zum Ort des Geschehens, wo sie dann eine Unterrichtseinheit in Sachen Erreger bekommen.

Es gibt verschiedene Möglichkeiten, was man dem Immunsystem zeigen kann, damit es eine gezielte Reaktion ausbildet. All diese Möglichkeiten werden unter dem Begriff Aktiv-Immunisierung zusammengefasst, weil unser Immunsystem aktiv selbst etwas dabei lernt.

Für manche Impfstoffe werden sogenannte Lebendimpfstoffe eingesetzt. Das bedeutet, dass sehr geringe Mengen abgeschwächter, aber noch vermehrungsfähiger Erreger eingesetzt werden, die den Geimpften aber nicht krank machen. Die Impfung gegen Masern, Mumps und Röteln fällt in diese Kategorie. Der Vorteil ist, dass diese Impfstoffe die natürliche Infektion sehr gut nachahmen und in der Regel zu einem sehr langen, oft sogar lebenslangen Schutz führen. Allerdings ist auch das Risiko von Nebenwirkungen ein bisschen höher.

Eine andere Option sind sogenannte Totimpfstoffe. Dabei werden abgetötete Erreger geimpft oder man zeigt dem Immunsystem nur einzelne Bestandteile des Krankheitserregers. Dazu gehören die Impfungen gegen Hepatitis A und B, die Grippeimpfung und die Impfung gegen humane Papillomviren, die Gebärmutterhalskrebs auslösen können. Totimpfstoffe werden im Körper relativ schnell abgebaut, sodass man, um einen guten Impfschutz zu erzielen, mehrmals nachimpfen und den Impfschutz auch alle paar Jahre wieder auffrischen muss.

Über Jahre entwickelt und zum ersten Mal für SARS-CoV-2 eingesetzt, gibt es jetzt auch die Möglichkeit der RNA-Impfstoffe. Dabei wird dem Körper RNA verabreicht, also eine Bauanleitung für zum Beispiel ein Oberflächenprotein des Virus. Die Zelle baut dieses Protein, präsentiert es den Immunzellen und diese entwickeln dann eine gezielte Antwort dagegen.

Durch eine Impfung wird aber nicht nur der Geimpfte vor dem Erreger geschützt, sondern auch die Infektionskette unterbrochen. Je weniger Wirte ein Virus findet, desto schwerer kann es sich in der Gesellschaft ausbreiten. Durch eine Impfung werden also auch alle geschützt, die sich nicht impfen können, weil sie etwa ein geschwächtes Immunsystem haben. Das nennt sich Herdenimmunität und ist auch deshalb wichtig, weil ein Impfstoff, wie jedes andere Medikament, nie zu hundert Prozent wirkt. Wenn möglichst viele sich um Impfschutz bemühen, können wir auch den kleinen Teil der Bevölkerung mitschützen, bei dem die Impfung nicht anschlägt. Impfen ist also auch ein Akt der Solidarität und Nächstenliebe.

Auch ein Impfstoff ist natürlich nicht völlig frei von Nebenwirkungen. Diese werden sowohl vor der Freigabe als auch in den Jahren der Anwendung streng kontrolliert. Besteht Zweifel an der Sicherheit des Impfstoffs, wird er sofort aus dem Verkehr gezogen. Allerdings vergessen wir bei der Diskussion um die Nebenwirkungen oft die Gefahr, die das Virus im Vergleich dazu für uns darstellen würde. Denn die Begegnung mit dem echten Erreger ist ja auf jeden Fall mit deutlich höheren Risiken verbunden.

Bei bestimmten Erregern, die entweder so gefährlich sind, dass man sich nicht ausschließlich auf eine Impfung verlassen will – Tollwut ist so ein Fall –, oder bei denen die bisher entwickelten Impfstoffe noch nicht optimal sind, gibt es auch die Möglichkeit der sogenannten Passiv-Immunisierung. Dabei lernt das Immunsystem nicht aktiv, bekommt aber Unterstützung durch Antikörper, die man bei Verdacht auf eine Infektion direkt verabreicht. Wie schon erwähnt, kann man diese im Labor herstellen, vorausgesetzt, man weiß, wie die schützenden Antikörper auszusehen haben. Im Akutfall einer Erkrankung kann es Leben retten, wenn die Antikörper rechtzeitig verabreicht werden. Sobald die Antikörper aber wieder abgebaut sind, verliert der Patient den Schutz.

Gedanken fürs Reisetagebuch

In diesem Kapitel haben wir gesehen, wie beeindruckend vielfältig und koordiniert unser Körper auf eine Infektion reagiert, sie wahrnimmt und mit wie vielen verschiedenen Werkzeugen er Viren bekämpft. Wir haben aber auch gesehen, dass diese Immunreaktion manchmal für schwere Krankheitsverläufe verantwortlich sein kann und Therapiemöglichkeiten begrenzt sind. Die Frage, die sich daraus ergibt, ist, wie wir mit dem Leid umgehen, das wir in diesem Drama immer wieder erfahren. Denn wir scheinen es nicht verhindern, sondern bestenfalls abmildern zu können. Ist das nicht der endgültige Beweis dafür, dass es Gott eben doch nicht gibt?

Kapitel 4

Wenn Viren krank machen: die Frage nach dem Leid

Während ich diese Worte schreibe, sitzen die meisten von uns bereits seit gut einem Jahr in einem mehr oder weniger strengen Lockdown. Die Coronavirus-Pandemie hat unser Leben verändert. Vielleicht hast du außer auf Bildschirmen enge Freunde und Familienmitglieder lange nicht mehr gesehen. Vielleicht lebst du alleine und musst dir ständig etwas Neues gegen die Einsamkeit einfallen lassen. Vielleicht hast du deinen Job verloren. Oder durch Kurzarbeit zumindest eine gewisse finanzielle Sicherheit oder Perspektive für die Zukunft eingebüßt. Die Liste an Leid, die ein einzelnes Virus von heute auf morgen weltweit ausgelöst hat, ließe sich noch deutlich verlängern. Wir alle kennen jemanden, der bereits infiziert war, manche davon auch schwer und lange. Viele von uns kennen auch jemanden, der die Infektion nicht überlebt hat.

Leider ist das Coronavirus keine Ausnahme. Jedes Jahr erkranken Millionen von Menschen weltweit an Infektionen mit Viren. Viele sterben an der Infektion oder einer Folgeerkrankung. Denn fast noch dramatischer als die Anzahl an Menschen, die unter einer akuten Infektion leidet, ist die Menge derer, die eine chronische Infektion haben und dadurch langfristig Schmerz und Leid ertragen müssen. Zu den Verursachern zählen zum Beispiel Hepatitis-B- und Hepatitis-C-Viren. Heilen diese Infektionen nicht aus, besteht das Risiko der Leberzirrhose bis hin zur Krebsentstehung. Manche Viren können auch lebenslange Behinderungen beim Infizierten hervorrufen, etwa das Poliovirus, oder das Ungeborene schädigen, wie das Zika-Virus oder das Humane Cytomegalievirus.

Egal wo und wie klein – jeder neue Ausbruch einer Viruserkrankung führt zu Leid. Nicht erst seit Corona. Lokales Leid bei denen, die direkt von Krankheit oder Tod betroffen sind. Aber auch globales Leid. Denn auch kleinere Ausbrüche sind oft mit erheblichen finanziellen Belastungen verbunden. Interessanterweise betreffen diese nicht nur den Gesundheitssektor vor Ort, sondern eine ganze Reihe anderer Bereiche des öffentlichen Lebens.

Nur die Angst vor einer möglichen Einschleppung des Virus, das gerade Tausende von Kilometern entfernt ein Dorf infiziert hat, führt schnell zu wirtschaftlichem Schaden bei uns, weil Handelsbeziehungen oder Tourismus einbrechen. Oder sogar nur deshalb, weil die Angst vor einem eventuellen Einbruch zu entsprechenden Reaktionen auf dem Aktienmarkt führt.

Forscher nutzen die finanziellen Einbußen, um das Level der Angst zu messen, die ein Virus auslöst, und damit den Einfluss eines Virus auf die seelische Gesundheit. Vergleicht man die Zahlen von selbst kleinen lokalen Ausbrüchen mit anderen Arten von Erkrankungen, sieht man, wie groß das Leid ist, das insbesondere Viren verursachen. Nur in den USA hat zum Beispiel der Ebola-Ausbruch 2014 in Westafrika Verluste von rund einer Milliarde Dollar im Export verursacht sowie 12 000 Jobs gekostet, die damit zusammenhingen. Und alle anderen Bereiche des öffentlichen Lebens, die durch den Ausbruch Verluste erwirtschaftet haben, sind da noch gar nicht einberechnet.

Das Leid ist real. Und wie wir während der Coronavirus-Pandemie am eigenen Leib erlebt haben, betrifft Leid direkt mehrere Ebenen unseres Seins. John Wyatt nannte in einem Vortrag am Faraday Institute in Cambride im Sommer 2020 vier Kategorien von Schmerz:

physischen, psychischen, geistlichen und Beziehungen betreffenden Schmerz.

Wo ist Gott im Leid?

In Kapitel zwei sind wir zu dem Schluss gekommen, dass wir die Existenz Gottes zwar naturwissenschaftlich nicht beweisen können, dass das aber wiederum nicht heißt, dass es ihn nicht gibt oder wir dem biblischen Bericht nicht glauben könnten. Aber müsste man denn in so einer Krise wie jetzt nicht merken, dass es ihn gibt? Wo ist da Gott?

Wie reagierst du auf die Frage, warum Gott Leid zulassen könne? Für viele Menschen ist die Existenz von Leid ein eindeutiges Indiz, das gegen die Existenz Gottes spricht. Für andere spricht es zumindest gegen die Existenz eines liebenden oder allmächtigen Gottes. Denn wie kann ein liebender Gott zulassen, dass es mir schlecht geht? Sie argumentieren: Entweder ist Gott liebend, aber kann nicht helfen. Dann ist er nicht allmächtig. Oder er kann helfen, will aber nicht. Dann ist er nicht liebend. Egal, zu welchem dieser beiden Schlüsse man kommt, es würde heißen, dass die Bibel lügt.

Zu dieser Argumentation gäbe es sicherlich einiges zu sagen. Nicht umsonst beschäftigen sich ganze Forschungszweige in der Theologie mit Rückfragen dieser Art und es lohnt sich, die unterschiedlichen Herangehensweisen an dieses Thema einmal genau zu betrachten. Ich möchte an dieser Stelle aber nur ein paar Punkte streifen, die dir vielleicht helfen, mit dieser Spannung umzugehen. Denn obwohl ich persönlich immer noch durchaus von der Existenz eines liebenden und allmächtigen Gottes überzeugt bin, kann ich diese Fragen sehr gut nachvollziehen. Ich würde mir auch wünschen, dass Gott besser gestern als heute das Leiden dieser Welt beendet hätte.

Die erste spannende Feststellung, die ich an dieser Stelle gemacht habe, ist, dass die meisten Menschen in der Bibel Leid bewusst wahrnehmen, selbst auch oft betroffen sind, aber interessanterweise weder die Existenz Gottes noch seine Allmacht oder Treue infrage stellen. Was können wir von ihrem Umgang mit Leid lernen? Denn sie gehen dem philosophischen Problem eindeutig nicht aus dem Weg, indem sie das Leid leugnen. Im Gegenteil – sie benennen es.

Paulus, der selbst viel Leid erlebt hat, schreibt sogar: *Wir wissen ja, dass die gesamte Schöpfung jetzt noch leidet und stöhnt wie eine Frau in den Geburtswehen* (Römer 8,22). Wieso ist für ihn die Koexistenz von Leid und Gott kein Problem?

Viren als Strafe Gottes?

Vorher stolpern wir aber noch über eine andere Frage: Ist Gott sogar der Verursacher von Leid? Gerade in religiösen Lagern führt das bei jeder Epidemie oder Pandemie zu Schlagzeilen wie: *Ist die Coronavirus-Pandemie eine Strafe Gottes?*

Da Viren erst gegen Ende des 19. Jahrhunderts entdeckt wurden, werden sie natürlich nicht spezifisch in der Bibel erwähnt. Infektionserkrankungen generell dagegen schon. Berühmte Beispiele für Infektionserkrankungen unbekannten Ursprungs finden wir unter den Plagen gegen die Ägypter, nachdem der Pharao dem Volk Israel nicht erlaubte, das Land zu verlassen (2. Mose 7–11). Oder auch, als Aaron und Miriam mit Lepra gestraft wurden, als sie gegen ihren Bruder Moses rebellierten (4. Mose 12).

Was genau die Bibel jedoch mit Lepra meint, ist nicht ganz klar. Während wir heute unter Lepra eine spezifische Infektionserkrankung, die durch das Mycobacterium leprae verursacht wird, verstehen, könnte sich hinter dem biblischen Begriff eine Reihe verschiedener Hautkrankheiten verbergen. Beschreibungen wiederum von Schwindsucht oder Fieber in 5. Mose 28,22 und 3. Mose 26,16 deuten möglicherweise auf Tuberkulose hin, verursacht durch das Mycobacterium tuberculosis.

Ein anderer Begriff, der in der Bibel auftaucht und womöglich eine Infektionskrankheit beschreibt, ist die Pest oder Seuche. Nachdem David gegen Gott gesündigt hat, straft Gott ganz Israel: *Da ließ der Herr in Israel die Pest ausbrechen, sie begann noch am selben Morgen und wütete drei Tage lang. In ganz Israel, von Dan im Norden bis Beerscheba im Süden, kamen 70 000 Menschen dabei um* (2. Samuel 24,15). Die Pest zählt in der Bibel nämlich zu den klassischen vier Kennzeichen des göttlichen Gerichts: *Und nun sage ich, Gott, der Herr: Wie wird es erst sein, wenn ich meine vier schrecklichsten Strafen – Krieg, Hunger, Raubtiere und Pest – auf einen Schlag über Jerusalem hereinbrechen lasse und Mensch und Tier darin ausrotte!* (Hesekiel 14,21).

Wir müssen aber aufpassen, denn es gibt auch andere Beispiele. Sowohl im Alten als auch im Neuen Testament gibt es Fälle, in denen Menschen krank werden, obwohl weder sie selbst noch andere in ihrem Umfeld etwas falsch gemacht haben. Hiob leidet unter einer ganzen Reihe schwerwiegender Symptome, obwohl Gott eindeutig verkündet: *Ich kenne keinen Zweiten auf der Erde, der so rechtschaffen und aufrichtig ist wie er, der mich achtet und sich nichts zuschulden kommen lässt* (Hiob 1,8b).

Über einen blind geborenen Mann sagt Jesus: *Es ist weder seine Schuld noch die seiner Eltern* (Johannes 9,3a; NGÜ). Gott lässt Krankheit in vielen Fällen also auch einfach zu. Und ohne das jetzt im Detail auszuführen: Wir kennen auch genug Beispiele in der Bibel, in denen Gott Krankheiten heilt.

Es gibt also zwar biblische Beschreibungen, in denen Leid durch Infektionskrankheiten als Ergebnis göttlicher Strafe bewertet wird.

Dies stellt aber keine generelle Regel dar. Außerdem wissen wir, dass Gott selbst inzwischen die Strafe auf sich genommen hat. Kreuzigung und Auferstehung Jesu sind das zentrale Ereignis des Neuen Testaments. Auf Gottes Initiative hin wurde uns neues Leben angeboten. Und dieses Angebot beinhaltet die endgültige Vergebung unserer Schuld, wenn wir sie bekennen.

Wir leben in einer Zeit der Gnade. Das ist die gute Nachricht. Wir haben Frieden mit Gott. Wie wir wissen, löscht das nicht alles Leid auf der Welt aus. Aber unsere persönliche Beziehung zu Gott ist wiederhergestellt und sein Zorn wurde durch Jesus am Kreuz getragen. Deshalb kann ich Pandemien als das wahrnehmen, was sie zunächst einmal sind: von Viren verursachte biologische Probleme, die es gilt anzupacken.

Enttäuschte Hoffnung

Kommen wir zurück zur Frage, warum wir Gott gerade in einer Pandemie nicht aktiv erleben. Warum tut er nichts? Und warum scheint das Schweigen Gottes für die biblischen Charaktere kein Hindernis zu sein, diesem Gott zu vertrauen? Es ist ja nicht so, als hätten sie nicht auch dramatische Krisen durchlebt. Abgesehen von den oben erwähnten Seuchen lebte das Volk Israel in ägyptischer Sklaverei, irrte vierzig Jahre lang durch die Wüste, litt unter Bürgerkriegen, wurde von den Assyrern besetzt und belagert oder von den Babyloniern ins Exil verschleppt. Und das ist nur eine kleine Auswahl dessen, was wir an Leid in der Bibel sehen.

Ein guter Startpunkt in der Bibel sind immer die Psalmen. Denn sie zeigen sehr eindrücklich, wie gläubige Menschen emotional mit einer Krise, Angst, Wut, Verzweiflung, Hoffnungslosigkeit, Todessehnsucht oder Zweifeln umgegangen sind. Und in den Klageliedern können wir Jeremias Schmerz nachempfinden, den er nach der Gefangennahme im Exil empfindet. Im Gegensatz zu unserer heutigen Kultur, in der Trauer etwas mehrheitlich Privates geworden ist und wir auch in Krisen versuchen, unsere Stärke durch ein optimistisches Facebook-Profil und einen fröhlichen Instagram-Kanal zur Schau zu stellen, wurde damals öffentlich und in Gemeinschaft getrauert.

Dadurch, dass gemeinschaftlich nicht nur getrauert, sondern auch gehofft wurde, wissen wir, worauf gehofft wurde. Auf einen Retter. Der das Volk aus der Unterdrückung befreit und das Leid beendet. *Sagt denen, die sich fürchten: »Fasst neuen Mut! Habt keine Angst mehr, denn euer Gott ist bei euch! [...] Gott selbst kommt, um euch zu retten.« Dann werden die Augen der Blinden geöffnet, und die Tauben können auf einmal hören. Gelähmte springen wie ein Hirsch, und Stumme singen aus voller Kehle. In der Wüste brechen Quellen hervor, Bäche fließen durch die öde Steppe* (Jesaja 35,4-6).

Das Problem an der Geschichte? Der Retter entsprach nicht ganz den Erwartungen. Das kann man nicht nur im biblischen Text sehen, sondern auch daran, dass das Judentum zum allergrößten Teil noch immer auf den Retter wartet. Jesus, der Retter, der den Erwartungen nicht gerecht wurde, hat nämlich nicht dafür gesorgt, dass die römische Besatzungsmacht abgezogen ist, oder dafür, dass endlich Frieden herrschte.

Zugegeben, er hat immer wieder mal Kranke geheilt und Minderheiten integriert. Aber interessanterweise auch nicht immer auf Befehl. Ganz oft hatte er für den Geschmack der Außenstehenden vermutlich zu sehr die Ruhe weg. Als er gebeten wird, die einzige Tochter von Jairus, einem Vorsteher der jüdischen Gemeinde, zu heilen, hetzt er nicht sofort zum kranken Kind, sondern nimmt sich in aller Ruhe unterwegs noch Zeit für die Heilung einer Frau, die schon seit zwölf Jahren an schweren Blutungen litt (Lukas 8,41-56).

Man könnte ihm natürlich zugutehalten, dass das medizinisch notwendig war und er immer noch rechtzeitig kam, um das Mädchen zu heilen. Außerdem könnte man meinen, als Retter sei es Teil seiner Berufsbeschreibung, unterwegs Menschen zu heilen.

Aber was ist dann mit der Geschichte von Lazarus? Einer seiner engsten Freunde, Lazarus, ist krank. So krank, dass dem Umfeld ziemlich klar ist, dass er bald stirbt, wenn keiner etwas tut. Als der Bote Jesus endlich erreicht und ihn bittet, möglichst schnell mitzukommen und zu helfen, was tut Jesus? Er wartet zwei Tage ab und läuft dann langsam los (Johannes 11). Das ist sicherlich nicht das, was ich von einem engen Freund erwarten würde, schon gar nicht, wenn dieser der vermeintliche Retter ist.

Der Lebensstil Jesu ist so anders als erwartet, dass sogar Johannes der Täufer, der sein Leben lang für Jesus Werbung gemacht hat, Zweifel bekommt. Aus dem Gefängnis heraus lässt er Jesus fragen, ob er denn nun wirklich der erwartete Retter ist (Matthäus 11,2-6). Die Antwort Jesu klingt für mich ziemlich unklar. Er zitiert den Text, den der Prophet Jesaja geschrieben hat. Und klar, an den Heilungen, die Jesus tut, kann Johannes sehen, dass er zu Recht auf Jesus hingewiesen hat. Aber schwingen da nicht bei jedem Zuhörer automatisch auch die Erwartungen an ihn mit, die er alle nicht erfüllt?

Die gute Nachricht ist: Jesus kennt die Erwartungen, die an ihn gerichtet werden. Die schlechte Nachricht ist: Entweder ignoriert er große Teile davon oder er hat für diese Punkte irgendwie eine andere Agenda als wir. Die Menschen damals mussten ihre Erwartungen an den Messias hinterfragen. Das müssen wir angesichts einer Krise auch tun.

Was passiert, wenn wir unsere Erwartungen, was Gott unserer Meinung nach tun sollte, einen Moment lang zurückstellen und stattdessen dem Lebensstil Jesu etwas mehr Beachtung schenken? Ich habe für mich entdeckt, dass wir dann einerseits sehen, wie Jesus göttliche Souveränität neu definiert. Und andererseits auch, welche Rolle wir darin spielen.

Der mitleidende Gott

Wie also begegnet Jesus konkret dem Leid? Positiv ist schon einmal, dass er Leid nicht einfach ignoriert, weil es ihn nicht berührt. Immer wieder sehen wir, dass er zutiefst bewegt ist von dem, was er in der Gesellschaft beobachtet. Und das schließt vermutlich alle Sorten von Leid mit ein, die wir vorhin aufgelistet haben. Physisches, Psychisches, Geistliches und Beziehungen betreffendes Leid. Aber er betrachtet die Gesellschaft nicht nur von außen, als weltfremder Lehrer, sondern ist selbst Teil davon. Er investiert in Beziehungen, hat Eltern und Geschwister und lebt und leidet mit ihnen. Er ist Gast auf Hochzeiten, feiert Feiertage im Kreis seiner engsten Freunde und noch im Sterben überträgt er die Verantwortung für seine Mutter an Johannes. Als sein enger Freund Lazarus stirbt, weint er.

Die Frage ist aber doch: Wenn ihn der Tod des Lazarus so sehr mitnimmt, warum ist er dann nicht früher losgelaufen? Warum hat er noch mal zwei Tage verbummelt, bevor er sich auf den Weg gemacht hat? Fairerweise muss man sagen, dass er so oder so wohl nicht mehr rechtzeitig eingetroffen wäre. Ausgehend von den Zeitangaben im Text gehen die meisten Ausleger davon aus, dass Lazarus bereits gestorben war, bevor Jesus informiert war, oder dass er spätestens zu diesem Zeitpunkt starb. Denn als Jesus im Dorf ankommt, ist Lazarus ja schon vier Tage tot.

Allerdings finde ich diese Antwort nicht sehr befriedigend. Denn er hätte Lazarus doch auch aus der Ferne heilen können. Das hat er immerhin im Fall des Dieners eines römischen Hauptmanns auch getan (Matthäus 8,5-13). Außerdem hätte er Marta und Maria schon zwei Tage früher zumindest emotional beistehen können. Das ist ja durchaus auch etwas, was man von Freunden erwarten kann. Und schließlich hätte er auch das Leid aller anderen Freunde von Lazarus beträchtlich lindern können, wenn er schon kurz nach dessen Tod in Betanien angekommen wäre.

Denn kaum angekommen tut er etwas, was weder damals noch heute in irgendeiner Form plausibel, geschweige denn wissenschaftlich zu erklären ist. Er erweckt Lazarus wieder zum Leben, der daraufhin munter aus der Gruft spaziert. Im Text wird beschrieben, dass der Leichnam schon angefangen hatte zu riechen, dass die ersten Verwesungsprozesse also schon eingesetzt hatten – kein Wunder in dieser warmen Gegend Israels!

Jedes Mal, wenn ich diesen Text lese, muss ich an eine Sektion denken, der ich im Laufe meines Studiums beiwohnen durfte. Wobei ich, wenn ich ehrlich bin, bei der Sektion schon lange nicht mehr im Raum war. Denn zusammen mit allen anderen Studierenden bin ich weniger als zwanzig Sekunden nach Eintreffen des Leichnams fluchtartig nach draußen verschwunden. Der Leichnam wurde nämlich erst nach drei Tagen in einer warmen Wohnung gefunden und die Verwesung war entsprechend fortgeschritten. Kein Wunder also, dass Maria, Marta und die übrigen Dorfbewohner nicht nur skeptisch sind, sondern sich zunächst weigern, den Stein von der Öffnung des Grabs wegzurollen.

Zurück zu Jesus. Er liebt alle Betroffenen und weint. Warum also hat er den Tod des Lazarus nicht verhindert? Wer einen Menschen vom Tod auferwecken kann, dem wird es ja wohl möglich sein, den Tod direkt zu verhindern. Das wäre vermutlich einfacher gewesen und hätte einer ganzen Menge Leute jede Menge Leid erspart. Die Antwort des Bibeltextes ist eindeutig: Jesu Ziel war es nicht, Leid zu verhindern, sondern die Herrlichkeit Gottes zu zeigen.

Zugegebenermaßen ist eine Auferweckung von den Toten definitiv spektakulärer! Die Menschen vor zweitausend Jahren waren ja nicht dümmer oder naiver als wir heute. Wo wir, und das schließt Marta und Maria mit ein, uns wünschen würden, dass Gott das Leid beendet und damit zeigt, dass er liebender und allmächtiger Gott ist, entscheidet sich Jesus dafür, eine Nummer größer zu denken und zu wirken. Seine Agenda ist räumlich und zeitlich nicht begrenzt wie die unsere. Allerdings kann sich diese Freiheit, in der Gott handelt, für mich oft willkürlich anfühlen. Denn ich erlebe Leid und unbeantwortetes Gebet in einem räumlich und zeitlich sehr eng gesteckten Horizont.

So faszinierend ich die Geschichte von Lazarus auch finde und es mich beeindruckt, wie Gott handelt, ohne an die Gesetzmäßigkeiten, die mein Leben bestimmen, gebunden zu sein, so sehr frustriert sie mich auch, wenn ich an mein eigenes Leben denke. Zwar kenne ich Menschen in meinem Umfeld, die zu früh an Krebs gestorben sind, aber trotzdem eindrücklich berichten, wie durch ihr Leiden Gottes Liebe für andere umso stärker sichtbar geworden ist. Aber das ist keineswegs für alle der Fall. Das weiß ich auch. Ich weiß zu schätzen, dass Gott diese Welt mit Gesetzmäßigkeiten und Rhythmen gestaltet hat und es ein Segen ist, dass er diese Rhythmen nicht ständig durch Wunder außer Gefecht setzt. Denn sonst würde hier aus unserer Perspektive das reinste Chaos herrschen. Aber unterm Strich würde ich mir aus meiner begrenzten menschlichen Perspektive trotzdem wünschen, Gott häufiger eingreifen zu sehen.

Obwohl ich mit der persönlichen Gewissheit lebe, dass ich am Ende meines Lebens ewiges Leben haben werde, mindert das ja nicht im Geringsten meinen Schmerz über Leid im Hier und Jetzt. Und ich glaube, das ist auch gut so. Denn ich möchte nicht innerlich so abstumpfen, dass mir das Hier und Jetzt egal wird. Die Herausforderung scheint somit, Leid in der richtigen Perspektive zu sehen.

Wie meine ich das? Kommen wir zurück zu Lazarus. Können wir Jesus wirklich vorwerfen, hier lieblos zu handeln, weil er die Herrlichkeit Gottes für wichtiger hält als das Leid des Lazarus und seiner Familie? Wenn wir diesen Bericht einzeln betrachten, vielleicht. Wenn wir ihn im Kontext sehen, fällt das schon schwerer.

Ja, Jesus handelt an Lazarus anders, als wir das aus unserer Perspektive für angemessen halten. Aber Jesus handelt auch anders, als wir handeln würden, wenn es um ihn selbst geht. Er erträgt es zu sterben, und wird erst nach drei Tagen von den Toten auferweckt. Im Gegensatz zu Lazarus stirbt er auch nicht an einer Krankheit. Er stirbt durch uns. Räumlich und zeitlich begrenzt betrachtet stirbt Jesus, weil ihn sein eigenes Volk wegen Gotteslästerung an die römische Besatzungsmacht ausliefert. Er wird auf grausamste Art und Weise gefoltert und hingerichtet, verraten von einem engen Freund.

Aus göttlicher Perspektive betrachtet, die zeitlich und räumlich unbegrenzt ist, stirbt Jesus aus eigener Entscheidung heraus, um unsere Trennung von Gott aus der Welt zu schaffen. Denn diese Trennung verhindert, dass wir leben. Jesus stirbt, weil sonst wir die wären, die sterben würden.

Dabei geht es natürlich zunächst einmal um das ewige Leben. Mein Leben nach meinem körperlichen Tod. Aber es geht dabei auch um mein Leben hier und jetzt. Im zweiten Kapitel haben wir uns mit der Frage beschäftigt, was Leben eigentlich ist. Und wir haben überlegt, ob es neben den rein biologischen Definitionen von Leben nicht auch noch andere Aspekte gibt. Die Bibel spricht von Leben, das in einer Gottesbeziehung verankert ist. Damit gehen zwar auch einige ethische und moralische Vorstellungen einher, die unseren Lebensstil betreffen. Aber die sind zweitrangig. Zunächst einmal geht es darum, dass wir echtes Leben haben können.

Aus dieser Perspektive heraus, die plötzlich viel weiter reicht als mein räumlicher und zeitlicher Horizont, muss ich nicht mehr fieberhaft versuchen, das vermeintlich willkürliche oder nicht vorhandene Handeln Gottes zu rechtfertigen. Denn Gott hat in der Person Jesu schon längst und in weitaus größerem Maßstab gehandelt, als ich das an seiner Stelle getan hätte. Jesus wusste damals, dass er noch Jahrzehnte damit würde zubringen können, das alltägliche Leid für jeden Einzelnen, dem er begegnen würde, aus der Welt zu schaffen. Aber er entschied sich für die größere und wichtigere Agenda.

Gott setzt durch Jesus einen Gegenpol zu unserer sehr begrenzten Definition von Autorität, Kontrolle und Souveränität. Er liefert uns eine Neudefinition dieser Begrifflichkeiten und übernimmt Verantwortung für seine Welt. Nicht weltfremd und distanziert, sondern als Teil der Welt, indem er das Leid der Welt auf sich nimmt und die endgültige Macht des Leides unterbindet, noch bevor ein Großteil des Leides überhaupt entsteht. Diese Antwort Gottes auf die Frage nach dem Leid verhindert zwar nicht, dass mich das Leid betroffen macht und ich mir wünschte, es würde nicht geschehen. Doch sie berührt mich, weil er mir darin trotzdem liebend und allmächtig begegnet. Und das Beste: Ich weiß, dass diese Antwort Gottes nicht nur mir gilt, sondern auch allen anderen Menschen. Insbesondere denen, die mehr leiden als ich.

Dietrich Bonhoeffer schreibt, während er selbst im Gefängnis auf den Tod wartet: »Die Bibel weist den Menschen an die Ohnmacht und das Leiden Gottes; nur der leidende Gott kann helfen. Insofern kann man sagen, dass die beschriebene Entwicklung zur Mündigkeit der Welt, durch die mit einer falschen Gottesvorstellung aufgeräumt wird, den Blick frei macht für den Gott der Bibel, der durch seine Ohnmacht in der Welt Macht und Raum gewinnt.«[2]

---

[2]   Dietrich Bonhoeffer (2016): Widerstand und Ergebung: Briefe und Aufzeichnungen aus der Haft (22. Auflage ed.), Gütersloher Verlagshaus, S. 193.

Nach Bonhoeffer gibt uns also alle moderne Erkenntnis, in der wir nicht mehr nur hilflos all das, was wir nicht verstehen, Gott anlasten, einen viel klareren Blick auf die Welt, ihr Leid und den wahren Charakter Gottes. Auf die Größe seines Wesens, mit dem er Souveränität, Autorität und Kontrolle völlig anders lebt, als wir uns das wünschen, aber dafür allumfassend. Wissen und Verständnis räumen mit falschen Gottesbildern auf. Der Gott der Bibel ist mit Sicherheit kein Gott, den ich mir persönlich so ausgedacht hätte. Er ist besser als das. Er ist größer.

Der mitwirkende Mensch

Ein anderer Ansatz zur Frage nach dem Leid, den ich als hilfreich empfinde, ist der, wegzuschauen vom Leid und hinzuschauen auf mich und meine Aufgabe. Ich finde es erstaunlich, wie biblische Charaktere mit Leid umgehen. Wie sie am eigenen Leib Leid erleben und trotz allen menschlichen Emotionen das Wesen Gottes dabei nicht übersehen. Gründe dafür haben wir im vorigen Abschnitt betrachtet. Aber sie schauen auch gleichzeitig auf ihre eigene Verantwortung und die Möglichkeiten.

Der Theologe N.T. Wright erwähnt in seiner Reflexion der Coronavirus-Pandemie zum Beispiel den Propheten Agabus (Apostelgeschichte 11), der eine große Hungersnot ankündigte, die laut dem Bericht von Lukas dann tatsächlich während der Herrschaft des Klaudius (41–54 n. Chr.) eintraf. Aber statt in Selbstmitleid zu verfallen oder zu fragen, wie Gott das zulassen kann, reagiert die Gemeinde in Antiochia ganz anders. Im Angesicht des Leids fragen die Menschen, was sie tun können. Statt sich zurückzuziehen, die Hungersnot als Zeichen des nahenden Weltendes zu interpretieren, Umkehr von Sünde zu predigen und auf den Tod zu warten, beschließen sie, Hilfsgüter zu sammeln und aktiv etwas zur Linderung des Leids beizutragen. Statt die Schuld bei Verantwortungsträgern oder Regierungen zu suchen und anzuprangern, packen sie selbst mit an.

Sie stellen drei einfache Fragen: Wer ist dem höchsten Risiko ausgesetzt und braucht deshalb die meiste Hilfe? Was können wir tun, um zu helfen? Wen wollen wir senden? Was nach einer pragmatischen und nicht theologisch reflektierten Antwort auf Leid klingt, ist, wie N.T. Wright aufzeigt, zutiefst theologisch. Gott will in dieser Welt auch mit und durch Menschen wirken. Nicht umsonst sind wir als Ebenbild Gottes geschaffen. Leid sehen und Gott bitten, Leid zu lindern, muss also miteinschließen, dass ich frage, wie ich selbst dazu beitragen kann.

Sind wir aber dazu bereit, Verantwortung zu tragen? Ist es nicht viel bequemer, das dem Fachpersonal zu überlassen? Und was genau heißt Mitwirken in einer Pandemie?

Leid als Auftrag

Auftrag klingt erst mal anstrengend. Du hast vermutlich schon genug Aufgaben im Alltag, oder? Da geht es mir nicht anders. Eigentlich habe ich immer das Gefühl, dass mein Terminkalender zu voll ist. Insbesondere seit Corona ist er voll mit Aufgaben. Und ziemlich leer, was privates Vergnügen angeht. Das ist ganz schön anstrengend.

Deshalb gleich vorweg: Jesus hat auch Pausen eingelegt. Regelmäßig und sehr häufig sogar. Denn ohne diese Phasen, in denen er wieder auftanken konnte, wäre er nicht belastbar gewesen und hätte wahrscheinlich den Blick fürs Wesentliche verloren.

Ich will daher nicht sagen, dass wir in Krisen dazu aufgerufen sind, über unsere Kräfte hinaus durchzuarbeiten (zumindest nicht, wenn es sich vermeiden lässt). Aber in Krisenzeiten wird offensichtlich, wo Ungerechtigkeit und Ungleichheit herrschen. In der Regel sind besonders die betroffen, die in der Gesellschaft sowieso schon benachteiligt sind. Krisen können uns also zeigen, wo die Not am größten ist, und wir sollten Krisen nicht ungenutzt lassen, diese Missstände anzugehen. Allerdings kann nicht alles oberste Priorität haben. Viele Menschen arbeiten durch die Pandemie gerade am Anschlag.

Was ist dann aber unser Auftrag? Das wurde auch schon Martin Luther 1527 von seinem Freund Martin Hess gefragt, als in Wittenberg die Pest ausbrach. Seine erste Antwort lautete: Beten. Gott um Hilfe zu bitten, für Menschen und ihre Situationen konkret zu beten, ist ein Privileg. Auch und gerade darin sind wir Mitwirkende Gottes.

Eine Stärke, die wir Christen nutzen und anderen anbieten können, ist außerdem die Kunst zu trauern. Im alten Israel waren Klage und Trauer ein öffentlicher Akt, der das Leid nicht kleinredete oder aufblies, sondern vor Gott brachte. Im Klagen wurde der Leidende in die Gemeinschaft hinein- und auch aus seiner Passivität in eine aktive Handlungsfähigkeit zurückgeholt. In einem Zeitalter mit perfekten Facebook-Profilen und Insta-Storys haben wir diese Art, mit Leid umzugehen, oft verlernt. Wie würde die Welt aussehen, wenn wir das wieder lernen und den Menschen um uns herum anbieten könnten?

Noch einmal zurück zu Luther. Ganz analog zu heute empfiehlt auch er praktische Hygiene-Konzepte, Abstandsregeln und sogar das Fernbleiben von Orten, an denen wir nicht zwingend gebraucht werden. Denn das ist die einfachste Art, Infektionsketten zu unterbrechen. Im letzten Jahr haben wir gelernt, dass das Coronavirus SARS-CoV-2, das uns gerade zu schaffen macht, sehr leicht übertragen wird, oft sogar, ohne dass der Infizierte Symptome hat. Durch kleine Veränderungen unseres Alltags, wie das Tragen einer Maske und Abstandsregeln, können wir deshalb beeindruckend viel erreichen und uns und andere schützen.

Martin Luther empfiehlt aber noch etwas anderes. Nämlich dort ganz gegenwärtig zu sein, wo wir helfen können. In seinem Fall bat er, dass Christen nicht fluchtartig die Stadt verlassen, sondern Kranke versorgen sollten. In einer Zeit ohne Gesundheitssystem eine wichtige Aufgabe. Auch heute sind wir trotz staatlich organisierter Systeme persönlich gefragt. Naturwissenschaftler und Mediziner haben im Laufe des letzten Jahres in beeindruckendem Maße persönlich zurückgesteckt, um wissenschaftlich verlässliche Daten zu sammeln, Patienten zu behandeln, Impfstoffe zu entwickeln und Therapien zu testen. Auch andere Berufsgruppen, von Lehrern bis hin zu Reinigungskräften und Lieferdiensten, haben ihren Auftrag ernst genommen und das Leben am Laufen gehalten. Und wir haben gesehen, wie viele andere Branchen kreativ umgedacht haben, um Fähigkeiten und Ressourcen nutzbar zu machen. Die Liste konkreter Handlungsmöglichkeiten ist lang. Krisen fordern uns heraus, darüber nachzudenken, wo wir Verantwortung tragen und einen Beitrag leisten können.

Gedanken fürs Reisetagebuch

Spätestens die Coronavirus-Pandemie hat uns alle daran erinnert, auf welch vielfältige Art und Weise Viren Leid verursachen können. Körperlich, seelisch, geistlich, aber auch in Beziehungen. Obwohl das auf den ersten Blick die Existenz Gottes infrage stellt, zwingt uns das Leid in unserer Welt auch dazu, einen genaueren Blick auf die Bibel zu werfen und auf die Frage, wieso die verschiedenen biblischen Autoren Leid nicht als Argument gegen Gott genutzt haben.

Und zu unserer Überraschung stellen wir fest, dass dem Gott der Bibel Leid nicht fremd ist. Im Gegenteil. Er wurde selbst Mensch, um zu leiden. Und auch wenn ich das nur bruchstückhaft verstehe, kann ich den Grund dafür zumindest erahnen. Es scheint der Weg zu sein, Leid langfristig zu beenden und Leben zu ermöglichen. Auch wir haben die Aufgabe, uns des Leides um uns herum anzunehmen. Als Menschen sind wir Mitwirkende. Bevor wir uns in Kapitel acht die Frage stellen, wieso es global gesehen Leid gibt, werfen wir im nächsten Kapitel zunächst noch einen Blick darauf, wie der Rest unseres Planeten Viren erlebt.

Kapitel 5

Viren: ein globales Problem?

Das Schöne an Jahreszeiten ist, dass sie dem Jahr eine gewisse Rhythmik geben. Gerade wenn einem die aktuelle Jahreszeit langsam zu eintönig wird, kündigt sich bereits die nächste an. Nach einem langen, heißen Sommer werden plötzlich die Abende kürzer und deutlich kühler, morgens steigt erster Nebel vom Feld auf, das Laub fängt an, sich in die erstaunlichsten Rottöne zu verfärben, und dann dauert es gar nicht mehr lange, bis die ersten Lebkuchen im Regal stehen, fröhlich untermalt von der x-ten Wiederholung von *Last Christmas* im Radio. Zugegebenermaßen kann man um Letzteres herumkommen, wenn man die richtigen Radiosender hört und im Supermarkt stur an den Nikoläusen vorbeischaut.

Um andere Wegzeichen der wechselnden Jahreszeit kommt man dagegen nicht herum, etwa um die grippalen Infekte, die im Winter plötzlich wieder wie aus dem Nichts auftauchen, nachdem man einen ganzen Sommer lang davon verschont war. Überall hustet und schnieft es plötzlich, ein Eindruck, der sich vermutlich noch verstärkt, sobald man Kinder hat und immer, wirklich immer, mindestens ein Familienmitglied nicht so ganz fit ist.

Wo kommen diese Viren jetzt so plötzlich her? Machen die auch Sommerurlaub und starten pünktlich zum Oktober wieder mit der Hauptsaison? Wie können sie einfach so aus dem Nichts auftauchen?

Im 21. Jahrhundert befinden wir uns in der westlichen Welt in einer eigenartig luxuriösen Situation. Zum ersten Mal in der Geschichte der Menschheit können wir den Ausbruch von virusbedingten Erkrankungen zwar nicht völlig kontrollieren, aber durchaus begrenzen. Insbesondere die Einführung von grundlegenden Hygienekonzepten und Impfungen hat die Gefahr, die von Viren ausgeht, dramatisch reduziert und unsere Lebenserwartung deutlich erhöht. Im Gegensatz zu Menschen in weniger privilegierten Ländern sterben wir nicht nur deutlich später, sondern auch in aller Regel nicht mehr an den Folgen von Infektionskrankheiten.

Unsere Perspektive auf Viren hat sich damit grundlegend verändert und wir haben als Gesellschaft bei vielen Viren das Wissen um die Ernsthaftigkeit der Erkrankung verloren. Vermeintliche Kinderkrankheiten, von vielen belächelt und als harmlos abgetan, waren noch vor wenigen Generationen ein großes Problem. Die WHO schätzt, dass zum Beispiel nur durch die Masernimpfung von 2000 bis 2018 rund 23,2 Millionen Todesfälle verhindert wurden.

Während wir in der westlichen Welt in den letzten fünfzig Jahren relativ frei von gefährlichen Viren gelebt haben, sieht das in anderen Teilen der Welt noch völlig anders aus. Nur die gelegentliche Fernreise und die damit verbundenen extra Impfungen erinnern von Zeit zu Zeit noch daran. So kann man sich in vielen Ländern durch Hunde mit der Tollwut infizieren. Einmal ausgebrochen, führt die Viruserkrankung immer zum Tod. Deshalb wird nach einem Biss mit einem möglicherweise infizierten Tier auch sicherheitshalber noch einmal nachimmunisiert, egal, ob man bereits geimpft ist oder nicht. Sicher ist sicher. In Europa vergessen wir die Gefahr durch Tollwut oft. Denn bei uns werden die Tiere geimpft. Nur dadurch sind wir hier geschützt.

Man könnte diese Liste noch endlos fortsetzen. Viren begleiten die Menschheit schon immer. Historiker vermuten, dass Narben auf dem mumifizierten Kopf von Pharao Ramses V., der 1145 v. Chr. verstorben ist, auf eine Pockeninfektion hinweisen. Historiker schätzen außerdem, dass die von Eroberern eingeschleppten Infektionserkrankungen für den Tod von etwa neunzig Prozent der amerikanischen Ureinwohner verantwortlich gemacht werden können. Viruserkrankungen prägen die Menschheitsgeschichte also von Anfang an. Und nicht nur die Menschheitsgeschichte ...

Virus-Welt

Bevor wir zu den Grippeviren zurückkommen, nehmen wir uns noch kurz die Zeit, über unseren eigenen, menschlichen Tellerrand hinwegzuschauen. Die Erde wird oft der Blaue Planet genannt, eine Hommage an die großen Weltmeere, die über siebzig Prozent unserer Erdoberfläche bedecken und Lebensraum für eine gewaltige Anzahl an Lebewesen bieten. In beeindruckenden Dokumentationen haben wir Bilder von Korallenriffen und merkwürdigen Fischen aus der Tiefsee gesehen, eine Welt, die uns Normalsterblichen in aller Regel verborgen ist. Immer mal wieder staunen wir auch über neue Entdeckungen. Denn vieles im Ökosystem Meer ist noch völlig unentdeckt.

Ganz ähnlich kann man sich die Arbeit und das Erstaunen von Virologen vorstellen, als mit den technischen Möglichkeiten auch die Chance kam, genauer zu erforschen, wo Viren überall zu finden sind. Durch bessere Sequenziertechniken, durch die man nach Teilen des Erbguts suchen und diese charakterisieren kann, und bessere Mikroskope eröffnen sich uns gerade völlig neue Welten. Denn nicht nur der Mensch wird von Viren infiziert, sondern auch jedes andere Lebewesen auf diesem Planeten. Das schließt nicht nur andere Säugetiere, Fische, Amphibien und Insekten ein, sondern auch Pflanzen und Mikroorganismen wie Bakterien. Je ähnlicher uns die Lebewesen sind, desto ähnlicher sind ihre Viren in der Regel denen, die uns infizieren. Mit einer immerzu steigenden Menge an Proben aus dem Wasser, Erdboden oder von Tieren entdecken wir auch immer mehr Viren. Es wird vermutet, dass wir bisher weniger als ein Prozent aller existierenden Viren charakterisiert haben. Das liegt zum einen daran, dass der Prozess der Charakterisierung bis vor Kurzem nicht nur sehr teuer und aufwendig war, zum anderen daran, dass wir bisher hauptsächlich Proben von Säugetieren und Vögeln analysiert haben. Also Tiere, die für unseren Alltag direkt relevant sind. Viren der meisten anderen Spezies haben wir bisher wenig Beachtung geschenkt.

Die Erkenntnis, dass alle Lebewesen in allen Ökosystemen von Viren infiziert werden können, und die schiere Masse an Viren, die existiert, hat völlig neue Fragen aufgeworfen. Es geht jetzt nicht mehr nur um die Frage nach Krankheit und Therapie, sondern vielmehr auch darum, welche Rolle Viren in den Ökosystemen um uns herum spielen. Denn von dieser riesigen Menge an Viren, die wir inzwischen gefunden haben, sind nur die wenigsten krankheitserregend, manche sogar nützlich. Darauf kommen wir im übernächsten Kapitel zu sprechen.

Hier noch ein paar Zahlen, die hoffentlich niemandem den nächsten Strandurlaub vermiesen. In einem Liter Wasser aus der Oberfläche des Meeres befinden sich etwa zehn Milliarden Viren. Das sind mehr Viren in einem Liter Meerwasser als Menschen auf diesem Planeten. Zum allergrößten Teil sind diese Viren allerdings sogenannte Phagen, also Viren, die Mikroorganismen wie Plankton infizieren. Diese Viren sind so anders, dass sie den Menschen nicht infizieren können. Wenn man ein bisschen rechnet, lernt man, dass in allen Weltmeeren zusammen etwa hundert Milliarden Mal mehr Viren als Sandkörner auf der Erde oder zehn Millionen Mal mehr Viren als Sterne im Universum zu finden sind. Würde man alle aneinanderreihen, wäre das trotz der mikroskopisch kleinen Größe der Viren eine Strecke von hundert Trillionen Kilometern. Das sind zehn Millionen Lichtjahre. Die Viren würden sich von hier bis weit hinter die nächsten sechzig Galaxien erstrecken. Die Menge an Kohlenstoff all dieser Viren im Meer beträgt zweihundert Megatonnen. Das sind etwa fünfundsiebzig Millionen Blauwale. Was ich sagen will: Das sind ziemlich viele Viren.

Darüber hinaus gibt es noch viele weitere zu entdecken. Vor einigen Jahren hat ein Team von Wissenschaftlern bei Indischen Riesenflughunden achtundfünfzig verschiedene Viren gefunden, fast alle bis dahin noch völlig unbekannt. Wenn wir das hochrechnen auf alle Wirbeltierarten, gibt es womöglich noch über dreieinhalb Millionen unbekannte Viren zu entdecken. Das Ganze potenziert sich noch einmal auf über hundert Millionen, wenn wir Pflanzen, Flechten, Pilzen und Algen dazunehmen. Das klingt viel – die tatsächliche Menge an unbekannten Viren liegt aber vermutlich noch höher.

Ebenfalls noch wenig erforscht ist, welche Auswirkungen all diese Viren auf die einzelnen Lebewesen und Ökosysteme haben. Wir wissen, dass es immer wieder Ausbrüche von virusbedingten Erkrankungen in diversen Arten gibt und das auch zu erhöhten Sterberaten führt. Allerdings gibt es auch viele Viren, die im Umlauf sind, ohne Symptome auszulösen. In Kapitel drei haben wir das an der Fledermaus gesehen. Aber gerade durch gut angepasste Viren, die dem Wirt wenig bis gar nicht schaden, können Gefahren für andere Arten ausgehen. Denn überwinden diese Viren die Barriere zu einer anderen Art, ist das Risiko sehr hoch, dass sie schwerwiegende Erkrankungen auslösen. Das andere Immunsystem begegnet diesem Erreger ja noch völlig naiv.

Viren im Winter?

Nun gut. Nach dem ersten Schock, dass wir offensichtlich in einer Welt leben, die mehr aus Viren besteht als aus allem anderen, kommen wir zurück zu der Frage, warum wir manche davon nur im Winter zu Gesicht bekommen.

Wie schon beschrieben, mutieren Viren. Damit machen sie es dem Immunsystem in regelmäßigen Abständen schwer, sie effektiv zu bekämpfen. Wie groß diese regelmäßigen Abstände sind, hängt unter anderem davon ab, wie schnell das Virus mutiert. Grippeviren mutieren, wie bereits erwähnt, sehr schnell. Coronaviren haben es durch ihre Korrekturlesefunktion schon schwerer und mutieren deutlich langsamer.

Außerdem kommt es darauf an, wie gut das Gedächtnis ist, das das Immunsystem gegen das Virus aufbauen kann. Für die schon länger für Erkältungen verantwortlichen Coronaviren weiß man zum Beispiel, dass wir uns im Durchschnitt alle zwölf Monate wieder mit dem gleichen Virus anstecken können. Die jahreszeitliche Häufung wird mit Sicherheit unter anderem auch dadurch verursacht.

Aber warum ist es ausgerechnet der Herbst, wo es mit den Erkältungen immer losgeht? Die schlechte Nachricht ist: So ganz genau weiß es die Forschung auch nicht. Die gute Nachricht ist: Wir kennen immerhin eine Handvoll Faktoren, die alle fleißig dabei helfen, dass Viren uns im Winterhalbjahr leichter infizieren und sich dann auch schneller verbreiten. Die Faktoren hängen immer auch von der Virusfamilie ab. Bei Grippeviren wird die Saisonalität vermutlich von anderen Faktoren getrieben als bei Coronaviren. Und auch bei Nicht-Erkältungsviren kann man oft eine Art Saisonalität beobachten. Masernviren zeigen zum Beispiel auch ein zyklisches Infektionsmuster. Allerdings sind größere Masernausbrüche oft durch Jahre getrennt.

Besonders für Grippeviren scheint die Situation aber sehr komplex zu sein. Verschiedene Studien aus den Arbeitsfeldern Immunologie, Virologie, Epidemiologie und Mathematik konnten bisher nur eine große Reihe an Variablen aufdecken, die in irgendeiner Art und

Weise zusammenhängen. Zukünftige Forschung wird eines Tages hoffentlich die Muster zwischen den Faktoren genauer verstehen.

Die Grippesaison ist größtenteils ein Phänomen in gemäßigten Klimazonen. Obwohl die Viren vermutlich auch sonst auf niedrigem Niveau in der Bevölkerung vorkommen, kommt es in der Regel in den Wintermonaten zu sehr vielen Infektionen. Obwohl es auch in den Tropen zu Grippeepidemien kommt, sind Zeitpunkt und Stärke weniger klar definiert. Vermutlich haben also Wetterphänomene einen deutlichen Einfluss auf die Grippesaison. Hier sind ein paar Gründe.

Erstens: Draußen wird es kälter und drinnen wird die Luft trockener, weil wir heizen. Denn wir wollen ja nicht unterkühlen. Eine Angst, die ich persönlich ausgesprochen gut kenne. Ich habe kaum Muskelmasse, um Körperwärme zu erzeugen, und weil ich klein bin, eine große Körperoberfläche im Verhältnis zum Volumen. Deshalb hilft in meinem Fall oft nur, mich direkt neben einem Heizkörper wieder aufzuwärmen, während ich einen heißen Tee trinke. Der Haken an dem Geheize ist, dass unsere Schleimhäute austrocknen. Und die sind die erste Linie der Verteidigung gegen Krankheitserreger. Trockene Schleimhäute haben also wenig Gegenwehr zu bieten, wenn wir dem nächsten interessierten Virus begegnen. Nicht direkt ein Ausweg aus dem Dilemma, aber besser als nix: immer mal die Luft anfeuchten.

Zweitens: Draußen wird es kälter und wir treffen uns vermehrt in Innenräumen. Sich mit der besten Freundin zu einem Spaziergang verabreden kann sehr nett sein, außer es ist fünf Grad kalt, schüttet wie aus Kübeln und es weht ein strenger Ostwind. Ein warmer Innenraum, eine leckere heiße Schokolade und ein Stück Kuchen haben da deutlich mehr Charme. Allerdings erhöht jedes Treffen in Innenräumen das Risiko, sich anzustecken. Und da sich in den kalten Monaten alle drinnen treffen, erhöht sich das Risiko dramatisch.

Drittens: Draußen wird es kälter und das beeinflusst unser Immunsystem. Leider wird es hier wissenschaftlich ein bisschen vage. Sehr zu meinem persönlichen Leidwesen. Denn dieser Punkt interessiert mich deutlich mehr als trockene Luft. Erste Daten zeigen aber immerhin, dass sich bestimmte Viren in kälteren Epithelzellen schneller vermehren als in wärmeren. Was genau da mit unserem angeborenen Immunsystem passiert, ist allerdings noch unklar. Außerdem führt Kälte dazu, dass bestimmte Körperregionen schlechter durchblutet werden. Der Körper konzentriert sich darauf, die Temperatur für wichtige Organe bei 37 Grad zu halten. So gelangen auch weiße Blutkörperchen, die gegen einen Erreger vorgehen, langsamer zum Ort der Infektion, wenn dieser schlechter durchblutet ist. Dagegen kann man erst mal nichts unternehmen, außer sich warm anzuziehen.

So kompliziert wie die einzelnen Bestandteile unseres Immunsystems sind vermutlich auch die Faktoren, die es beeinflussen, und damit die Möglichkeiten, wie wir es im Winter stärken können. Es gibt immer mal wieder Studien, die ausreichend Schlaf, Bewegung und ausgewogene Ernährung anpreisen, um das Immunsystem zu stärken. Vitamin D wird alle paar Jahre hoch gehandelt und wieder verworfen. Interessanterweise gibt es zudem auch noch eine psychologische Komponente. Zuversicht und Wohlbefinden wirken sich in der Regel positiv auf Gesundungsprozesse und unsere Abwehrkräfte aus. Tricks, die zusätzlich zu unserem Wohlbefinden beitragen, haben also unter Umständen auch einen positiven Einfluss auf unser Immunsystem. Eine zusätzliche Rolle in alldem spielen der veränderte Hell-Dunkel-Rhythmus und der dadurch veränderte Melatonin-Spiegel. Ebenfalls nicht vernachlässigen darf man vermutlich den Einfluss, den die Jahreszeiten auf unsere Ernährung haben, obwohl in Nordeuropa die meisten Lebensmittel inzwischen das ganze Jahr über verfügbar sind.

Daneben gibt es noch ein paar weitere, aber bislang eher unklare Phänomene und Überlegungen. Grippeviren werden gut durch

Aerosole übertragen, also durch in der Luft verteilte feinste Schwebeteilchen. Die Menge an Aerosole, die eine einmal infizierte Stadt aushustet und -niest, kann ziemlich groß sein, sodass denkbar ist, dass diese Aerosole in die höheren Schichten der Atmosphäre aufsteigen könnten, wo Viren durch die niedrige Temperatur und die relative Luftfeuchtigkeit vermutlich auch langfristig überleben könnten. Durch Luftströme könnten sie sich dann auf der Nordhalbkugel verbreiten.

Es gibt außerdem eine ganze Reihe von Berichten, die einen Zusammenhang zwischen Infektionserkrankungen und dem Wetterphänomen El Niño beschreiben. El Niño ist eine ungewöhnliche, nichtzyklische warme Meeresoberflächentemperatur im äquatorialen Pazifik, die oft um die Weihnachtszeit herum auftritt und durch ein komplexes Zirkulationssystem von Erdatmosphäre und Meeresströmung bedingt wird. Wo genau der Zusammenhang mit den Infektionserkrankungen ist, ist allerdings noch unklar.

Ebenfalls spekuliert wird ein Zusammenhang von Grippesaison und Luftverkehr. Aus früheren Pandemien, wie zum Beispiel der Hongkong-Grippe von 1968, gibt es dazu Datensätze, die die weltweite Verteilung des Virus über beide Erdhalbkugeln nachverfolgen. Außerdem scheint es möglich zu sein, anhand der Muster des Luftverkehrs die Schwere einer Influenza-Saison vorherzusagen.

Erkältungen sind aber nicht die einzigen virusbedingten Erkrankungen, die durch Faktoren von außen beeinflusst werden. Im ersten Kapitel haben wir gesehen, dass es Viren gibt, mit denen wir uns einmal infizieren und die uns danach ein Leben lang erhalten bleiben, weil sie sich gut verstecken können. Dazu gehören etwa die Herpesviren. Über lange Strecken merken wir überhaupt nichts von ihrer Existenz und plötzlich bricht wieder eine Infektion aus. Im Alltag begegnet uns vermutlich am häufigsten das Herpes-Simplex-Virus Typ 1, das die Lippenbläschen hervorruft. Wie, wann und warum diese Bläschen immer mal wieder auftauchen, ist ein weiteres interessantes Phänomen, das die Forschung mit Sicherheit noch eine Weile umtreiben wird. Allerdings wissen wir aus alltäglicher Beobachtung, dass äußere Einflüsse wie Sonnenlicht oder Stress oft mit einem Schub in Verbindung gebracht werden können. Viele wissenschaftliche Details, die den genauen Mechanismus dahinter erklären, sind allerdings noch unklar.

Wir halten also fest, dass es trotz der Fülle an Viren auf diesem Planeten durchaus Faktoren zu geben scheint, die ihr Verhalten beeinflussen können und dazu führen, dass wir nicht jeden Tag mit einer Virusinfektion zu kämpfen haben. Obwohl sich das im persönlichen Einzelfall oft anders anfühlt, gibt es durchaus eine gewisse Rhythmik in unserem Leben in einer Virus-Welt, an die wir uns alle gewöhnt haben. Allerdings ist die Lage komplex und nicht nur wir und die Viren, sondern auch unser Verhalten und das Miteinander einer Vielzahl von Ökosystemen spielen eine Rolle, wenn es darum geht, welchen Viren wir ausgesetzt sind und wie wir mit ihnen klarkommen.

Newcomer und ihr Erfolgsrezept

Von der riesigen Anzahl an Viren, die es auf diesem Planeten gibt, springen interessanterweise zwar immer mal wieder welche auf den Menschen über, aber gar nicht so häufig, wie man denken könnte. Warum das so ist und was den Erfolg mancher Viren ausmacht, schauen wir uns jetzt an.

Wer in seinem Leben viel umgezogen ist, kennt das Phänomen: In der alten Wohnung hat das Regal noch perfekt gepasst, in der neuen ist es plötzlich zwei Zentimeter zu breit. Man könnte natürlich den Türrahmen um zwei Zentimeter verschieben, aber dann kriegt man nicht nur gewaltigen Ärger mit dem Vermieter, sondern hat ein weiteres Problem: Denn an der Wand im Raum auf der anderen Seite der Tür steht ja auch ein Möbelstück, das dann plötzlich nicht mehr passen würde. Solange die neuen Wohnungen immer größer und geräumiger werden, ist das vielleicht ein seltenes Problem. Und wenn es sich um das alte Ikea-Regal aus Studentenzeiten handelt, kauft man sich eben ein neues Regal. Aber was ist, wenn es sich um ein Erbstück der Großtante handelt? Und wenn es nicht nur ein Regal ist, sondern die gesamte Einbauküche, die plötzlich nicht mehr passt? Dann fragt man sich vielleicht, ob der Umzug wirklich nötig war.

Langer Rede kurzer Sinn: Umziehen ist anstrengend, kostet und bringt zwangsläufig Veränderungen mit sich, die wiederum eine Kettenreaktion an neuen Veränderungen hervorrufen, an die man sich anpassen muss. Wer das ein paarmal mitgemacht hat, überlegt sich Umzüge in aller Regel dreimal. Viren haben zwar kein Bewusstsein, mit dem sie entscheiden können, ob sich ein Umzug in einen neuen Wirt wirklich lohnt oder nicht, aber jeder Wirtswechsel hat seinen Preis.

Das ist auch einer der Gründe, warum wir nicht jedes Jahr von Hunderten neuer Viren überrascht werden, die es plötzlich aus dem Tierreich in die menschliche Population geschafft haben. Den Sprung von einer Art zu einer anderen schaffen nur die allerwenigsten Viren. Denn im Gegensatz zu uns, die wir im äußersten Notfall das Erbstück unserer Großtante irgendwo einlagern können, haben die meisten Viren, wie wir im ersten Kapitel gesehen haben, nur ein sehr kleines Spektrum an Bestandteilen und die sind auch alle absolut essenziell und zudem noch extrem optimiert. Ein Virus kann nicht einfach so auf einen Bestandteil verzichten oder sich eine Alternative besorgen. Es bekommt also schnell Probleme in kleinen Details. Wie wir im Immunologie-Kapitel gesehen haben, muss ein Virus auf zwei

Dinge achten: die Produktion von neuen Viruspartikeln sicherstellen und gleichzeitig dem Immunsystem ausweichen. Nur in Fällen, in denen Veränderungen am Virus beides bewerkstelligen, kann ein Virus von einem Wirt zum anderen überspringen.

Hier zwei Beispiele aus der jüngeren Vergangenheit, die zeigen, wie es Viren geschafft haben, die Arten-Barriere zu überwinden, und was diese Viren so erfolgreich gemacht hat.

SARS-CoV-2

Das wohl einschneidendste aktuelle Beispiel ist die Coronavirus-Pandemie. Im Dezember 2019 meldeten Ärzte in China das plötzliche

Auftreten von schweren Krankheitsverläufen durch einen Infekt der Atemwege. In kürzester Zeit verbreitete sich das Virus weltweit, Millionen von Menschen erkrankten und starben. Für die meisten Menschen kam diese Pandemie quasi aus dem Nichts. Wo also kam dieses Virus so plötzlich her und warum ist es so erfolgreich?

Coronaviren sind dem Menschen nicht fremd. Vier uns schon länger bekannte Mitglieder der Coronavirus-Familie begegnen uns jeden Winter und lösen harmlose Erkältungen aus und alle zwölf Monate infizieren wir uns wieder mit dem gleichen Virus. Coronaviren sind aber auch bei anderen Säugetieren weit verbreitet. Je näher diese Säugetiere und der Mensch zusammenleben, desto größer ist auch die Chance, dass sozusagen aus Versehen mal eines dieser Viren auf den Menschen überspringt. Coronaviren haben also prinzipiell schon einmal eine gute Ausgangslage.

Virologen haben dieses Virus deshalb auch durchaus im Blick. 2002 sprang auf einem Tiermarkt in China ein Coronavirus von einer Zibetkatze auf den Menschen über (SARS). 2012 gab es einzelne Übertragungen von Kamelen auf den Menschen (MERS). In mehr als 26 Ländern wurden insgesamt rund 8 000 Infektionen und 774 Todesfälle durch SARS dokumentiert sowie rund 2 500 Infektionen und mehr als 850 Tote durch MERS. Während SARS inzwischen weitestgehend verschwunden ist, ist MERS auf der arabischen Halbinsel nach wie vor endemisch. Trotzdem führten im Gegensatz zu SARS-CoV-2 beide Viren insgesamt zu deutlich weniger Infektionen. Was also macht SARS-CoV-2 so viel erfolgreicher?

Wie das SARS-Virus wurde SARS-CoV-2 wohl auch auf einem chinesischen Tiermarkt auf den Menschen übertragen. Durch welches Tier das geschah, ist allerdings noch unklar. Coronaviren mit ähnlicher Sequenz konnten in diversen Tieren wie Nerzen oder Schuppentieren nachgewiesen werden. An diesem Tag war also mindestens ein Tier auf besagtem Markt mit einem Virus infiziert, das zufällig ganz bestimmte Eigenschaften angehäuft hatte. Das Virus konnte durch Aerosole oder größere Partikel von den oberen Atemwegen des Tieres in die oberen Atemwege des Menschen gelangen. Es konnte dort an einen Rezeptor binden, der das Virus in die Zelle gelassen hat. Das Virus konnte dort sein Erbgut kopieren, neue Viruspartikel bilden und die Zelle wieder verlassen.

Die Wahrscheinlichkeit, dass ein Virus, das an die Gegebenheiten in einem Tier angepasst ist, auch in einem Menschen erfolgreich ist, ist nicht sonderlich hoch. Wenn es dann aber den Sprung auf den Menschen schafft, führt das oft zu schweren Krankheitsverläufen. Doch nur, wenn es sich dann auch erfolgreich von Mensch zu Mensch übertragen lässt, ist es fähig, eine Pandemie auszulösen. Obwohl MERS zu sehr schwerwiegenden Krankheitsverläufen und dadurch zu einer hohen Sterblichkeitsrate führt, scheint sich das Virus schlecht von Mensch zu Mensch zu übertragen, was wiederum die Anzahl der insgesamt Infizierten reduziert. Im Gegensatz zu SARS und MERS scheint sich SARS-CoV-2 besser in den oberen Atemwegen zu vermehren. Das Virus wird viel schneller an den nächsten Wirt weitergegeben, als das bei SARS der Fall war. Und auch oft, bevor Symptome auftreten.

Man konnte bei SARS also rechtzeitiger eingreifen als bei SARS-CoV-2. Die Isolation der Erkrankten war dadurch viel schneller wirksam. Bis man bei einer Infektion mit SARS-CoV-2 herausgefunden hat, dass man infiziert ist, ist es in der Regel schon zu spät und man hat diverse andere Menschen angesteckt. Deshalb wird versucht, durch eine Kombination aus der Nachverfolgung positiver Fälle und Quarantäne potenziell Infizierte zu isolieren und die Übertragungsraten durch das Tragen von Masken so niedrig wie möglich zu halten. Ab einer gewissen Fallzahl wird das jedoch logistisch sehr schwierig und die Wahrscheinlichkeit zu hoch, dass man bisher noch unidentifizierte Infizierte trifft. Deshalb gibt es die großflächigen

Lockdowns, die den Ausbruch wieder unter Kontrolle bekommen sollen. All das war bei SARS und MERS einfacher und hat schneller zu Erfolgen geführt.

Die Schweinegrippe

Auch Grippeviren sind in regelmäßigen Abständen Auslöser für Pandemien. Durch die Spanische Grippe starben zwischen 1918 und 1920 in insgesamt drei Wellen mehr als fünfzig Millionen Menschen. Ein Grippevirus, das sich in jüngster Vergangenheit plötzlich schnell verbreitet und eine weltweite Pandemie ausgelöst hat, war das Schweinegrippevirus 2009.

Obwohl Grippeviren uns ja jedes Jahr begegnen, lösen sie nicht immer eine Pandemie aus. Die Frage ist also, warum es einzelne Grippeviren gibt, die plötzlich deutlich erfolgreicher sind als andere. Wir haben bereits gesehen, dass unser Immunsystem nach einer durchgemachten Impfung ein Gedächtnis ausbildet. Wenn ein Virus sich nicht allzu sehr verändert, hat unser Immunsystem also eine gute Chance, das Virus abzufangen, bevor es größeren Schaden anrichtet. Allerdings gehören Grippeviren zu den Viren, die recht leicht mutieren. Dafür haben wir gegen Grippeviren gut funktionierende Impfstoffe. Diese müssen zwar jedes Jahr wieder an die Erreger angepasst werden, die gerade im Umlauf sind, aber die Chance ist gut, ein bestimmtes Grippevirus im zweiten Jahr durch Impfung außer Gefecht zu setzen. Ein Grippevirus kann also nur dann erfolgreich infizieren, wenn es sich vom Virus des Vorjahres oder dem Impfstoff deutlich unterscheidet. In der Regel bedeutet das, dass sich die Oberflächenproteine auf dem Viruspartikel verändern müssen, um von Antikörpern nicht mehr gut erkannt zu werden. Allerdings darf die Funktion des Oberflächenproteins dabei nicht eingeschränkt werden. Das Virus muss also immer noch an Rezeptoren auf der Zelle binden können, um in die Zelle zu gelangen. Außerdem muss ein zweites Oberflächenprotein auch immer noch in der Lage sein, die Viren beim Austritt aus der Zelle von deren Oberfläche abzuschneiden, sonst bleiben sie dort einfach hängen.

Die großen Pandemien durch Grippeviren wurden deshalb in der Regel von Viren ausgelöst, deren Oberflächenproteine bis dahin in der Bevölkerung noch unbekannt waren. Denn der Vorteil der Grippeviren ist, wie bereits erwähnt, ihr segmentiertes Erbgut. Das bedeutet, dass zum Beispiel die zwei Oberflächenproteine auf unterschiedlichen Erbgutsegmenten zu finden sind. Infizieren jetzt zwei verschiedene Grippeviren gleichzeitig ein und dieselbe Zelle, können die Viren diese Segmente durch zufälliges Verpacken austauschen. Dadurch kommt es zu völlig neuen Kombinationen. In seltenen Fällen entsteht so ein sehr erfolgreiches Virus, das dem Immunsystem unbekannt ist und sich in der Zelle gut vermehren kann.

Genau das passierte auch 2009, als ein mexikanisches Schwein gleichzeitig von einem Grippevirus, das schon länger in Schweinen in Nordamerika grassierte, und einem Virus, das bisher nur in Schweinen in Europa und Asien zu finden war, infiziert wurde. Das neue Virus konnte sich hervorragend im Schwein und auch im Menschen verbreiten.

Die Pandemie begann Mitte Februar 2009 in der mexikanischen Stadt La Gloria, Veracruz. Ende April rief die Weltgesundheitsorganisation (WHO) entsprechend ihren Leitlinien die Pandemiephase 5 aus, nachdem Mensch-zu-Mensch-Übertragungen in mehr als zwei Ländern dokumentiert waren. Phase 5 bedeutet erhebliches Pandemierisiko. Weltweit wurden Hygienemaßnahmen verschärft und betroffene Patienten isoliert. Im Mai 2009 hatten bereits 41 Länder mehr als 11 000 Fälle gemeldet. Obwohl bis Mitte 2010 weltweit »nur« etwa 18 500 Todesfälle durch einen positiven Test im Labor mit der Schweinegrippe in Verbindung gebracht werden konnten, wird die wirkliche Anzahl der durch die Schweinegrippe verursachten Todesfälle auf zwischen 100 000 und 400 000 geschätzt. Ungewöhnlich für Grippeviren, betrafen achtzig Prozent dieser Fälle Menschen unter fünfundsechzig Jahren. Dennoch, und trotz der schnellen Verbreitung der Schweinegrippe, war die Schwere der Verläufe deutlich geringer als die der Spanischen Grippe von 1918.

Wir sehen also, welchen Unterschied leichte Veränderungen in Übertragungsrate und Schwere der Verläufe bei Grippe- und Coronaviren für die Verläufe von Pandemien haben können. Und auch für deren Handhabbarkeit. Beide Faktoren werden davon beeinflusst, wie gut ein Virus sich beim Sprung auf den Menschen an dessen Zellen und Immunsystem anpassen kann. Um das Bild des Umzugs noch einmal zu strapazieren: Je genauer die Möbel in die neue Wohnung passen, desto schneller sind die Kisten ausgepackt und der Alltag läuft wieder geschmeidig. Im Falle des Virus heißt geschmeidiger Alltag dann übrigens, dass die Übertragungsrate von Mensch zu Mensch hoch, die Schwere der Verläufe allerdings eher gering ist. Denn sonst stirbt der Wirt, bevor er das Virus weiterverbreiten kann.

Per Anhalter durch die Galaxis

Ein weiteres Erfolgsrezept für Viren kann es sein, sich die Hilfe von Trägern, sogenannten Vektoren, zunutze zu machen. Dabei springt ein Virus nicht nur zufällig von einem Wirt zum nächsten, sondern nutzt Transportmöglichkeiten, die nicht nur die Geschwindigkeit, sondern auch die geografische Ausbreitung für das Virus erheblich erhöhen können. Solche Viren haben die Fähigkeit, zwei sehr unterschiedliche Wirte sehr erfolgreich zu infizieren und dadurch zwischen beiden Wirten hin- und herzuspringen. So können sich etwa das Dengue- und das Zika-Virus hervorragend sowohl in Moskitos als auch im Menschen vermehren. Da Moskitos sich von menschlichem Blut ernähren und deshalb unseren Lebensraum teilen, sind sie ideale Überträger für Viren. Mit jedem Stich können sie infiziertes Blut aufnehmen. Die Viren vermehren sich dann im Moskito, der beim nächsten Stich den nächsten Menschen infiziert.

Der Vorteil für den Menschen ist, dass man Infektionsketten durch den Gebrauch von Mückenspray, Moskitonetzen oder systematisch durch das Trockenlegen von Brutstätten oder Abtöten von Moskitolarven sehr einfach unterbrechen kann. Aber dass die Strategie der Viren trotzdem noch sehr erfolgreich ist, sieht man am Zika-Virus-Ausbruch von 2015–16 oder daran, dass sich nach Angaben der WHO weltweit jährlich noch geschätzte hundert bis vierhundert Millionen Menschen mit dem Dengue-Virus infizieren. Obwohl die Abhängigkeit von Moskitos auch das Gebiet einschränkt, das von einem bestimmten Virus infiziert werden kann, können Faktoren, die den Lebensraum des Moskitos beeinflussen, eben auch die Verbreitung des Virus direkt beeinflussen. Dazu gehört die Klimaerwärmung. So könnten vielleicht bald erste Dengue-Viren in Süddeutschland auftauchen, wenn die Asiatische Tigermücke temperaturbedingt nördlich der Alpen heimisch wird.

Was tun?

In den eben beschriebenen Szenarien werden Viren für uns zum Problem, die zufällig vom Tier auf den Menschen überspringen. Das ist nicht nur kurzfristig ein Problem, wenn es zu einer einzelnen Infektion oder gar Pandemie kommt, sondern auch langfristig. Denn Viren, die auch im Tier vorkommen, können wir so schnell nicht loswerden.

Wir können aktuell für den Menschen gefährliche Tiere bekämpfen, Impfstoffe und Therapien entwickeln. Aber durch das Vorkommen im Tier kann jederzeit ein neues Virus auf den Menschen überspringen, gegen das unsere bestehenden Impfstoffe und Therapien nicht wirken. Mit viel Glück ist es nur eine Frage der Zeit, bis man den Impfstoff entsprechend angepasst hat. Aber selbst dann wird so ein Übertritt vom Tier auf den Menschen in vielen Fällen Leben kosten. Forschungsgelder für Projekte, die sich mit Viren beschäftigen, die aktuell für den Menschen kein Problem darstellen, sind also langfristig durchaus eine gute Investition.

Zumindest lohnt es sich, schon einmal die Viren zu vernichten, die wir vernichten können. Das sind die, die nicht im Tier, sondern nur im Menschen vorkommen. Sehr erfolgreich wurde das zum Beispiel bei den Pocken praktiziert. Pockenviren gelten heutzutage deshalb als ausgerottet. Angesichts der hohen Infektiosität und Sterblichkeit, die Pockenviren verursachen, ist das ein riesiger Erfolg, der allerdings nur durch Konsequenz und weltweite Kooperation möglich wurde. Weitere Viren, bei denen so ein Erfolg möglich wäre, sind Polio- und Masernviren. Für Polio sieht die Lage schon sehr gut aus. Infektionen mit dem Virus, das unumkehrbare Lähmungen verursachen kann, konnten weitestgehend reduziert werden. 2018 wurden nur noch 33 Infektionen weltweit gemeldet. Aber solange weltweit noch ein einziges Kind infiziert ist, sind immer noch alle Kinder einem Risiko ausgesetzt, sich mit dem Virus zu infizieren und womöglich lebenslang gelähmt zu sein.

Nicht so gut sieht es bei den Masernviren im Moment noch aus. Die hochansteckende Viruserkrankung war vor der Entwicklung eines Impfstoffes jährlich für über zweieinhalb Millionen Todesfälle weltweit verantwortlich. Obwohl ein kostengünstiger und sicherer Impfstoff zur Verfügung steht, sterben laut WHO jedes Jahr noch immer rund 140 000 Kinder an den Folgen von Masern, durch die

Impfmüdigkeit immer mehr auch in der westlichen Welt. Außerdem verunsichern gefälschte Daten noch immer Generationen an Eltern. So hatte der Mediziner Andrew Wakefield 1998 einen Zusammenhang der Masernimpfung mit Autismus propagiert. Dies wurde inzwischen jedoch durch mehrere Studien widerlegt und die Arbeit von Wakefield zurückgezogen.

Darüber hinaus stehen wir aber auch in der Verantwortung, Lebensräume anderer Lebewesen zu schützen. Denn je prekärer ihre Lage wird und je näher sie unseren Lebensräumen kommen, desto größer ist die Gefahr, dass wir auch ihren Viren ausgesetzt sind. Außerdem beeinflusst die Ausbeutung von Ökosystemen womöglich auch, wie schnell Viren sich an einen speziellen Wirt anpassen können. Eine größere Artenvielfalt kann die Anpassung von Viren deutlich verlangsamen.

Gleichzeitig ist wichtig, über Ländergrenzen hinweg zu kooperieren und Informationen über Viruserkrankungen und Therapien zu teilen. Die Coronavirus-Pandemie wird erst besiegt sein, wenn die Menschen aller Länder geimpft sind. Nur durch Weitsicht und Kooperation können wir vorausschauend auf Viren reagieren und unnötige Erkrankungen und Todesfälle verhindern. In den letzten Jahren sind daher im Rahmen der sogenannten One-Health-Bewegung (deutsch: Eine-Gesundheit-Bewegung) Stimmen lauter geworden, mehr Zeit, Geld und Mühe darin zu investieren, global auf Entwicklungen, die die Virusverbreitung beeinflussen, zu reagieren. Dazu gehören Viren in der menschlichen und nichtmenschlichen Population, das Zusammenspiel von Ökosystemen, aber auch alle weiteren Faktoren, die im weitesten Sinne die Rahmenbedingungen für eine Virusverbreitung begünstigen. Die One-Health Bewegung ist eine verschiedene Fachrichtungen übergreifende Initiative, die sich lokal, aber auch über Ländergrenzen hinweg für optimale Gesundheit von Mensch, Tier und Umwelt einsetzt.

Gedanken fürs Reisetagebuch

Wir haben in diesem Kapitel gesehen, dass Viren längst nicht nur den Menschen betreffen, sondern jede einzelne Art auf diesem Planeten infizieren. Wir können Viren deshalb eigentlich auch nicht völlig isoliert betrachten. Denn sie werden durch das Zusammenspiel von Ökosystemen, Jahreszeiten und Wetterbedingungen genauso beeinflusst wie durch unseren Umgang mit all diesen Faktoren. Wir vergessen oft die Dimensionen, in denen wir mit anderen Lebewesen auf diesem Planeten verbunden sind. Die Biologie der Viren erinnert uns daran. Im nächsten Kapitel denken wir deshalb noch einmal über unsere Rolle als Mensch nach.

Kapitel 6

Unsere Umwelt und wir

Was mich beim Reisen immer wieder tief beeindruckt, sind die vielen verschiedenen Tierarten, die man in Deutschland außerhalb von Zoos nicht zu sehen bekommt, die aber in anderen Klimazonen ganz selbstverständlich zum Alltag gehören. Nicht, dass Wale, Kamele oder Giraffen beeindruckender wären als Ameisen, Vögel und Igel, aber ich nehme sie nicht als so selbstverständlich hin. Und ein bisschen versetzen sie mich auch in Ehrfurcht, weil sie mich an die Wildheit erinnern, in deren Mitte der Mensch lebt. Und an die Frage, wer ich denn angesichts anderer Lebewesen eigentlich bin.

Dass der Mensch Teil einer Welt ist, die noch viele anderen Lebewesen beherbergt, ist auch theologisch keine neue Erkenntnis. Im Schöpfungsbericht werden die verschiedenen Lebensräume auf unserem Planeten aufgelistet und auch, welche Sorte Lebewesen sie beherbergen. Der Mensch wird daraufhin beauftragt, nicht nur sich selbst fortzupflanzen und zu vermehren, sondern auch über die anderen Geschöpfe zu herrschen und sie sich untertan zu machen (1. Mose 1,28). Wir lesen dann in den weiteren Kapiteln, wie der Mensch seine Umwelt beobachtet und erforscht, die Tiere benennt, Ackerbau und Viehwirtschaft betreibt. Oder später sehen wir, wie er je zwei von jeder Art mit auf die Arche nimmt und die bestehende Artenvielfalt vor der Flut schützt.

Auch wenn der Umgang des Menschen mit der Erde und ihren Geschöpfen nicht Hauptthema der biblischen Texte ist, weil es ja in erster Linie um die Beziehung zwischen Gott und Mensch geht, haben sich vor allen in den letzten gut einhundert Jahren dennoch theologische Strömungen entwickelt, die genauer hinschauen, wenn es um unser Verhältnis zur Natur geht. Diese Bewegungen wurden zunächst sehr stark durch die zunehmenden naturwissenschaftlichen Entdeckungen angeschoben, aber auch die Theologie hatte ihren Anteil daran.

Ebenfalls prägend waren die grünen Bewegungen in den 70er- und 80er-Jahren mit ihren Visionen, aber auch ihren Warnungen. Diese sind uns auch heute nicht fremd. Zusätzlich zu den aktuellen Diskussionen um den Klimawandel und Fridays-for-Future-Demonstrationen stecken wir 2021 auch noch mitten in einer Pandemie. Unser Verhalten beeinflusst Ökosysteme und auch Pandemien. Wie passt das mit der Rolle zusammen, die wir als Menschen haben? Wie begründen wir diese Rolle überhaupt? Und welche Verantwortung tragen wir damit?

Die besondere Rolle des Menschen

Der Mensch erhält in der Bibel also den Auftrag, sich die Erde und ihre Bewohner untertan zu machen. Im gleichen Atemzug wird dem Menschen zugesprochen, dass er nach dem Bilde Gottes geschaffen wurde. Auf diesen Gedanken kommen wir am Ende des Buches noch einmal zurück. Neben dieser geläufigen Begründung für eine Sonderrolle des Menschen in der Schöpfung gibt es aber auch noch eine zweite theologische Begründung. Nämlich die Tatsache, dass Gott selbst in der Person von Jesus Christus Mensch wurde. Nicht Ameise, Löwe oder Gorilla, sondern Mensch.

Jetzt könnte man meinen, dass die Aussage, dass wir uns die Welt untertan machen sollen, doch ziemlich eindeutig klingt. Untertan machen heißt, zu entscheiden und das Recht zu haben, Dinge zum eigenen Besten zu nutzen. Ressourcen und Lebewesen wären demnach für unser Wohl geschaffen. Es ist vermutlich wenig überraschend, wenn ich sage, dass das nicht nur oft so verstanden, sondern auch genauso praktiziert wird. Denn egal, ob wir das jetzt religiös begründen oder nicht, zumindest zurzeit sitzt der Mensch entwicklungsbiologisch am längeren Hebel. Wir können also, zumindest im Moment, mit ziemlich großer Freiheit entscheiden, was auf unserem Planeten passiert.

Ob das in zwei Millionen Jahren noch genauso aussieht, ist jedoch eine völlig andere Frage. Denn obwohl Leben auf der Erde schon vor gut 3,8 Milliarden Jahren entstanden ist, gibt es den Menschen erst seit rund 200 000 Jahren. Wer weiß, wie es in Zukunft um uns steht?

Zurzeit sitzen wir aber auf jeden Fall am längeren Hebel. Mir ist das ehrlich gesagt im Alltag oft nicht bewusst. Denn ich reflektiere zugegebenermaßen nicht bei jeder einzelnen Kaufentscheidung für Lebensmittel oder Kleidungsstücke, wo das, was ich da kaufe, eigentlich herkommt und wie es hergestellt wurde. Ehrlicherweise sind wir ja auch abhängig von dem, was andere Menschen in ihren Firmen entscheiden, und können das nicht für jedes einzelne Produkt überprüfen. Unsere Welt funktioniert durch Teamarbeit. Trotzdem ist es zu kurz gedacht, wenn wir uns auf unserer Sonderrolle ausruhen. Denn ein bisschen kann man durchaus beeinflussen.

Daher noch mal die Frage: Worin besteht unsere Rolle? Ist sie uns wirklich biblisch zugesprochen? Oder rechtfertigen wir hier nur unseren aktuellen, evolutionären Vorteil? Jede biblische Aussage steht in einem Zusammenhang. Wie also können wir diese Aussage verstehen?

Der Theologe Denis Edwards schreibt, dass der Begriff »herrschen« ganz oft als beherrschen und ausbeuten missverstanden werde. Der Gedanke, dass wir uns die Schöpfung unterwerfen sollen, braucht seiner Meinung nach Kontext. Im ersten Buch Mose besteht der Kontext darin, dass Gott die Großartigkeit der gesamten Schöpfung feiert und sie als Ganzes segnet, Frucht zu bringen. Über den Tellerrand des ersten Buches Mose hinaus betrachtet, sehen wir durchgehend Gottes Liebe und Fürsorge für die gesamte Schöpfung.

Edwards empfiehlt, die Rollenbeschreibung des Menschen vielmehr als Verwalter zu beschreiben. Denn der Mensch herrscht eben nicht nur, sondern hat seinen Platz auch biblisch gesehen mitten unter den anderen Geschöpfen. Ausgehend vom Buch Hiob und Psalm 104 erklärt Edwards, dass der Mensch nicht nur zur Demut vor Gott, sondern auch zur Demut gegenüber allen anderen Lebewesen aufgerufen ist. Im Buch Hiob konfrontiert Gott Hiob mit einer ganzen Reihe unterschiedlichster Tiere wie dem Wildesel, Büffel, Falken oder der Bergziege. Jedes dieser Tiere wird als wild beschrieben, als unabhängig vom Menschen. Jedes dieser Tiere steht für sich genommen in einer Beziehung zu Gott, unabhängig vom Menschen. Und es scheint nicht nur Demut zu sein, die Hiob angesichts dieser Liste empfindet, sondern auch tiefe Freude über die Vielfalt und Besonderheiten dieser Tiere. Die Botschaft ist eindeutig. Wir mögen zwar nach dem Bilde Gottes geschaffen sein, aber wir sind nicht Gott. Wie Psalm 104 eindrücklich zeigt, stehen wir zusammen mit der übrigen Natur als Geschöpfe vor Gott. Jede Art lobt Gott auf ihre eigene Weise und steht in eigener Beziehung zu Gott. Auch in anderen Psalmen wird das sehr deutlich. »Lobt ihn, ihr Berge und Hügel, ihr Obstbäume und Zedern! Lobt ihn, ihr wilden und zahmen Tiere, ihr Vögel und alles Gewürm! « (Psalm 148,9-10).

Was heißt das für unsere Frage? Sind wir wirklich berufen, um zu herrschen? Ja, aber dieses Herrschen ist ein Verwalten. In Verantwortung. Das Schöne ist: Je länger wir andere Lebewesen beobachten, umso mehr beeindruckende Details nehmen wir wahr. Das macht mir Hoffnung. Denn das motiviert uns hoffentlich dazu, Verantwortung zu übernehmen. Durch Forschung an Viren wird uns gerade deutlicher als je zuvor vor Augen geführt, wie eng wir mit anderen Lebewesen und Ökosystemen verbunden sind und wie einzelne Komponenten in Ökosystemen voneinander abhängen. Verantwortung wahrnehmen heißt auch, diese Abhängigkeiten voneinander zu erforschen und zu schützen. Zum Wohle anderer Ökosysteme, aber auch zu unserem eigenen Wohl.

Der Philosoph Stephen R. L. Clark geht sogar so weit, zu sagen, dass Satan durch geistliche Arroganz zu Fall gekommen sei, durch die Überzeugung, als einzige rational denkende Kreatur allen anderen Geschöpfen überlegen zu sein. Begehen wir manchmal den gleichen Fehler? Andere Lebewesen sind aus unserer Perspektive nicht so klug wie wir. Aber genauso wenig sind wir in ihren Augen so klug wie sie. Clark fragt, ob wir nicht gerade dann wie Gott würden, wenn wir die Welt eben nicht beherrschen, sondern anerkennen würden, dass wir keine Herrscher seien. Denn auch Jesus hat uns, wie bereits im vierten Kapitel angesprochen, ein völlig unerwartetes Konzept von Autorität und Souveränität vorgelebt.

Clark zitiert dazu aus dem Philipperbrief: »Das ist die Haltung, die euren Umgang miteinander bestimmen soll; es ist die Haltung, die Jesus Christus uns vorgelebt hat. Er, der Gott in allem gleich war und auf einer Stufe mit ihm stand, nutzte seine Macht nicht zu seinem eigenen Vorteil aus. Im Gegenteil: Er verzichtete auf alle seine Vorrechte und stellte sich auf dieselbe Stufe wie ein Diener. Er wurde einer von uns – ein Mensch wie andere Menschen« (Philipper 2,5-7; ngü).

Natürlich bezieht sich diese Aussage erst mal auf unseren Umgang untereinander. Aber vielleicht würde es sich lohnen, diesen Gedanken für unseren Umgang mit der restlichen Schöpfung weiterzudenken? Ein weiterer interessanter Gedanke Clarks dazu ist, dass selbst wenn die Bibel und alle überlieferten Texte historisch falsch seien, diese Haltung dennoch unsere größte Hoffnung auf Frieden darstelle.

Der Mensch verbunden mit der Natur

Der Mensch ist Teil von und verbunden mit der übrigen Schöpfung. Worin liegt dann die besondere Würde des Menschen? Auch wenn wir an dieser Stelle noch nicht auf Charles Darwin und seine Studien eingehen, die die Grundlage für unser heutiges Verständnis der Evolutionstheorie eingehen, ist das doch oft die größte Sorge: Wer ist der Mensch, wenn er doch nur einen Entwicklungsschritt von vielen darstellt? Womöglich auch einer, der im großen Ganzen betrachtet nicht lange überlebt. Denn rein biologisch betrachtet haben Bakterien nicht nur zeitlich einen großen Vorsprung, sondern auch die deutlich besseren Chancen, uns langfristig zu überleben als umgekehrt.

Trotzdem haben wir theologisch gesehen Grund zu wissen, dass wir für Gott wichtig sind. Der Theologe John B. Cobb betont, dass jeder Beitrag, den wir zum göttlichen Leben leisten, unzerstörbar Bestand haben werde. Ausbeutung und Zerstörung von Ökosystemen machen diesen Planeten, den Gott liebt, ärmer. Cobb weist darauf hin, dass die westliche Welt im Vergleich zu anderen Kulturen erstaunlich stark den Menschen in den Mittelpunkt stelle. Er betont, erst durch die Wahrnehmung unserer Verbundenheit mit der übrigen Schöpfung würden sich unsere Gewohnheiten ändern.

Biologie und Bibel eröffnen uns eine reifere Perspektive auf unsere eigene Existenz. Eine Existenz, in der wir mit anderen Existenzen verbunden sind. Aber die Bibel erschließt uns unsere Bedeutung, spricht uns Wert zu, der langfristig ist. Genauso aber auch Verantwortung für die uns anvertraute Welt. Diese Gedanken sind nicht neu, sondern schon in der Art und Weise sichtbar, wie Christen im Neuen Testament miteinander und mit Gläubigen anderer Kulturkreise umgegangen sind. Sie haben Gemeinschaft gelebt. Nicht aus einem Gebot heraus, sondern aus dem Wissen, dass sie durch den Heiligen Geist in enger Gemeinschaft verbunden sind. Ist dir im Alltag bewusst, wie eng du mit anderen Lebewesen auf diesem Planeten verbunden bist?

Die theologische Strömung, die über die Bedeutung der Evolutionstheorie für unsere Perspektive auf die Welt nachdenkt, ist die Prozesstheologie. Denis Edwards betont, eines der Geschenke, die die Evolution der Theologie anbiete, sei eben genau diese weite Perspektive auf die Welt. Sie ermutige uns, tiefer über einen Gott nachzudenken, der die Welt so geschaffen habe, dass Geschöpfe am Prozess teilhätten und gleichzeitig eng miteinander verbunden seien.

Unsere Entscheidungen beeinflussen, wie sich die verschiedenen Arten auf unserem Planeten weiterentwickeln. Unser Handeln hat Gewicht und der genaue Ausgang für unseren Planeten ist offen. Wir dürfen mitgestalten. Und wir sind nicht allein. Die Wissenschaft bietet uns eine Methode. Aber es ist die Theologie im Dialog mit der Wissenschaft, die uns nach Clarks Meinung die Bedeutung der Evolution als das Teilhaben am Leben Gottes auslegt.

Wie ethisch ist Wissenschaft?

Das Zusammenspiel aus Naturwissenschaft und Theologie hat also Auswirkungen auf unsere Interpretation der Dinge, aber auch auf unser Handeln. Obwohl die Bibel nicht hauptsächlich Moral vermittelt, sondern Gottesbeziehung, geht mit dieser Gottesbeziehung ein Wertesystem einher und damit ein Auftrag zu handeln.

Jetzt könnte man denken, nun gut, die Naturwissenschaft erklärt uns die Welt und die Bibel sagt uns, wie wir dann handeln sollen. Das Problem ist: Wenn wir beide Bereiche separat halten, hinkt unsere Ethik den Entwicklungen immer hinterher. Denn wenn wir etwas Neues entdecken und mit dieser Entdeckung eine neue Technologie entwickeln, haben wir erst mal keine Ethik dafür. Bis Diskussionen in der Gesellschaft dann zu einer Ethik führen, hat sich die Technologie schon wieder weiterentwickelt.

Gleichzeitig kann man aber auch nicht erwarten, dass die Ethik direkt der Naturwissenschaft entspringt. Denn per Definition und Anspruch an Wissenschaft wertet diese erst mal nicht. Sie beobachtet, ohne zu werten. Das heißt aber nicht, dass der Wissenschaftler selbst kein ethisches Wesen wäre. Kein Wissenschaftler ist frei von Verantwortung für das, was er beobachtet und entwickelt. Aber dass er das tut, liegt nicht an der Wissenschaft, sondern daran, dass er Mensch ist und diese Verantwortung spürt. Egal, ob er von Gott weiß oder nicht.

In den letzten Jahren haben wir angefangen zu glauben, dass Wissenschaft von der Gesellschaft losgelöst stattfindet. Gerade in der aktuellen Coronavirus-Pandemie sehen wir, wie wenig die Gesellschaft eigentlich noch von Wissenschaft versteht. Ich bin der Meinung, dass das ein Versäumnis auf beiden Seiten ist. Wir müssen als Wissenschaftler endlich wieder anfangen, Nichtwissenschaftler in unsere Entdeckungen miteinzubeziehen. Wir müssen erklären, was wir beobachten und was wir daraus entwickeln. Wir haben in der Pandemie gesehen, wie wenige überhaupt noch ein Grundverständnis davon haben, wie Wissenschaft funktioniert, wer beteiligt ist und wie Entdeckungen gemacht werden. Es ist unsere Verantwortung, das besser zu kommunizieren. Das ist mit Sicherheit nicht immer in aller Tiefe möglich. Denn es gibt ja Gründe, warum Naturwissenschaftler so lange studieren und promovieren. Es braucht nicht nur viel Grundwissen, sondern auch viel Praxiserfahrung. Aber Kommunikation ist trotzdem möglich und nötig.

Gleichzeitig liegt es aber auch in der Verantwortung aller, dass wir uns informieren. Und damit meine ich nicht die wilde Spekulation in sozialen Medien. Und ich meine nicht ausschließlich nur die Naturwissenschaft. Ethische Diskussionen und Entscheidungen sind nicht nur Teil einer kleinen Elite, sondern müssen von allen Teilen der Gesellschaft – in der Größenordnung, in der sie es eben leisten können – mitentwickelt und mitgetragen werden. Das ist keine leichte Aufgabe. Die Informationsflut hat ein Maß erreicht, in dem es immer schwieriger wird, Fake News von gut recherchierter Information zu unterscheiden. Viele von uns sind es nicht gewohnt, sich Maßstäbe für die Qualität einer Information zu suchen. All das ist Arbeit.

Der Theologe Jürgen Moltmann betont, Wissenschaft könne nur unsere Optionen offenlegen. Sie sei auf den Dialog angewiesen. Mit der Politik. Aber auch mit der Ethik. Nur im Dialog könne Einigkeit erreicht werden. Was heißt das für unseren Umgang mit der Natur? Moltmann ist der Meinung, dass wir keine soziale Gerechtigkeit ohne Gerechtigkeit für Natur und Umwelt erreichen werden, aber auch keine Gerechtigkeit für Natur und Umwelt ohne soziale Gerechtigkeit. Aber das ist gemeinsame Verantwortung. Denn Wissenschaft kann nicht in die Gesellschaft integriert sein, ohne dass auch die Gesellschaft sich an der Wissenschaft beteiligt.

Eine Chance, die uns die Coronavirus-Pandemie eröffnet, ist, wieder neu ins Gespräch zu kommen. Wahrzunehmen, wo soziale Ungerechtigkeit herrscht, aber auch, wo wir die Natur besser schützen müssen. Die Pandemie ist eine Chance, darüber nachzudenken, wo wir uns nicht nur sozial, sondern auch intellektuell wieder beteiligen müssen.

Gott und Gesundheit?

Mit wissenschaftlichen Entdeckungen den Gang der Welt verändern ist zwar aufregend und eine tolle Chance, ruft aber auch Kritik hervor. Mit jedem Impfstoff, den wir entwickeln, sterben wir an einem

Erreger weniger. Je später wir sterben, desto größer wird unser Problem der Überbevölkerung. Je länger wir leben, desto größer wird auch der Anteil anderer Erkrankungen und desto länger womöglich unsere Pflegebedürftigkeit im Alter. Ist es das wert? Und sind mehr Lebensjahre tatsächlich auch besser? Wohin wollen wir mit unseren technischen Entwicklungen? Spielen wir hier nicht doch ein bisschen Gott?

Was in der Bibel sofort auffällt: Gott ist Gesundheit wichtig. Auch wenn sie in diesem Leben nicht das Endziel ist. An Heilungen erkennen Menschen in der Bibel die Gegenwart und das Handeln Gottes. Heilung ist auch ein Versprechen für das Leben nach dem Tod. Und wir sind dazu aufgerufen, uns gut um unsere Gesundheit zu kümmern. Denn Gott lebt in uns. Wir sind sein Tempel. Der Gott der Bibel ist Ursprung von Heilung. Er ist Arzt. Aber er beteiligt uns auch am Prozess der Heilung. Auch wenn es um Heilung geht, sind wir also Verwalter und sollten diese Aufgabe ernst nehmen. Aber was heißt das? Und gibt es für diesen Auftrag Grenzen? Haben wir es bei unseren vielen Pandemie-Maßnahmen übertrieben?

Wie wir alle wissen, ist Gesundheit komplex und mehr als nur die Abwesenheit von Krankheit. Nach einer Definition der WHO ist Gesundheit ein Zustand des vollkommenen körperlichen, geistigen und sozialen Wohlbefindens. Das ist ein ganz schön hoher Anspruch, den ich auch als »gesunder« junger Mensch eigentlich fast nie erreiche. Die Coronavirus-Pandemie ist dafür ein gutes Beispiel. Denn wir wissen auch, dass die Komplexität von Gesundheit viele der Diskussionen, die wir um Lockdowns führen, noch schwieriger macht.

Virologisch gesehen ist völlig klar, dass nur eine konsequente Unterbrechung von Übertragungswegen hilft. Deshalb die vielen Hygienekonzepte und Kontaktsperren. Denn es sind ja nicht nur die vielen alten Menschen, die gefährdet sind, sondern auch die Millionen anderer, die bekannte oder unbekannte Risikofaktoren tragen.

Geschätzt ist das übrigens schnell mehr als die Hälfte unserer Gesellschaft.

Doch gleichzeitig leiden mit jedem Lockdown die Beziehungen sowie die Wirtschaft und damit steigt das Risiko, dass ganze Existenzen vernichtet werden. All das belastet wiederum die Psyche. Noch komplizierter wird es dadurch, dass jeder letztlich ein Einzelfall ist. Wir alle haben unterschiedliche Belastungsgrenzen. Genauso, wie auch unser körperlicher Gesundheitszustand individuell ein anderer ist. Man könnte also zu Recht fragen, ob ein Lockdown nicht mehr schadet als hilft.

Ebenso kann man aber auch fragen, was wir tun können, um sowohl die körperliche als auch die seelische Gesundheit zu schützen. Denn logisch ist, dass eine Pandemie immer etwas kostet. Jeden von uns. Und leider oft die mehr, die sowieso schon benachteiligt sind. Eine Krise dieser Größenordnung ist außerdem kein Problem, das nur von einer kleinen Elite gelöst werden kann. Virologen und Politik haben durch Lockdowns und Impfstoffentwicklung Millionen von Menschen vor Tod, Krankheit und Langzeitfolgen geschützt. Das kann man vielleicht auch als ihre Aufgabe betrachten, die sie mit ihrem Fachwissen haben.

Die emotionalen Reaktionen auf die Corona-Politik zeigen jedoch, dass jede Entscheidung ein Balanceakt ist. Wir müssen als Gesellschaft entscheiden, bis wohin wir medizinisch wollen. Nicht alles, was theoretisch machbar ist, ist auch immer hilfreich. Impfstoffentwicklung ist für mich keine Frage. Sie kommt nahezu allen Menschen zugute und schützt sie vor akuten Erkrankungen und schwerwiegenden Langzeitfolgen. Und gerade sozial benachteiligte Gesellschaftsschichten profitieren enorm. Das hat also positive Auswirkungen nicht nur auf die Gesundheit, sondern auch auf die Wirtschaft. Bei anderen lebensverlängernden Maßnahmen ist das nicht immer so eindeutig.

Aber was ist mit unserer seelischen Gesundheit? Obwohl jahrzehntelange Forschung die Entwicklung von Impfstoffen beeindruckend schnell ermöglicht hat, braucht es Zeit, eine Pandemie unter Kontrolle zu bekommen. Die Impfstoffentwicklung haben wir zu Recht den Experten überlassen. Aber was ist mit Maßnahmen zur seelischen Gesundheit? Hätten wir da nicht vielleicht noch mehr kreative Möglichkeiten finden können? Und mit wir meine ich nicht die paar Politiker, sondern den Rest von uns. Wie haben wir unsere Verantwortung wahrgenommen? Denn auch wenn es sich oft wie eine Last anfühlt, mitverantwortlich zu sein, ist das doch auch unsere große Freiheit und ein Geschenk Gottes, mitgestalten zu dürfen. Eine Wertschätzung unserer Kompetenz und Kreativität. Ich habe tolle Beispiele in meinem Umfeld gesehen, wie das gelingen kann.

Doch all das ändert nichts an der endgültigen Grenze, die unserem Leben gesetzt ist. Egal, was wir medizinisch noch entdecken und entwickeln, früher oder später werden wir sterben. Ich kann mich und die Welt nicht vor allem schützen. Wir Menschen können nicht alles und auch nicht alles richtig einschätzen. Wir brauchen eine gesunde Demut. Es gibt Grenzen und wir sind nicht die letzte Instanz. Wir sind nur Verwalter.

Deshalb war der anfangs schon erwähnte Rat Martin Luthers ein zweifacher, als er gefragt wurde, ob man als Christ vor der Pest fliehen dürfe. Zum einen hat er Christen ermutigt, zu bleiben und Kranke zu pflegen. Denn ohne funktionierendes Gesundheitssystem war es für ihn selbstverständlich, zu bleiben und zu helfen. Er wusste um seine Sterblichkeit und seinen Wert und seine Zukunft vor und mit Gott. Er wusste, dass er eines Tages sowieso sterben, aber auch, wo er danach hingehen würde. Gleichzeitig warnte Luther aber auch davor, Gott zu versuchen. Als Christen sind wir nicht unverwundbar. Wir haben nicht umsonst einen Verstand und medizinische Erkenntnisse bekommen. In seinem Brief wiederholt er deshalb noch einmal alle bekannten Hygiene- und Abstandsregeln, die unseren Pande-mie-Maßnahmen erstaunlich ähneln, und ruft auf, alle bekannten medizinischen Maßnahmen zu ergreifen.

Es bleibt also immer ein Abwägen dessen, was möglich und nötig ist, aber auch, wo wir Verantwortung haben. Letztlich sind wir aber auch nur Verwalter. Gott ist derjenige, bei dem Heilung ist. In all der Verantwortung finde ich das befreiend. Nicht umsonst heißt es »Mach uns bewusst, wie kurz das Leben ist, damit wir unsere Tage weise nutzen!« (Psalm 90,12).

Hoffnung und Erlösung

Im Alltag zwischen Beruf und Privatleben, Urlaubsplänen und Ge-schirrspülen finde ich Gedanken zur Erlösung immer ein bisschen abstrakt, wenn ich ehrlich bin. Und Zeiträume wie die Ewigkeit sprengen meine Vorstellungskraft. Da bleibt mein Gehirn in der Regel ratlos zurück. Das Einzige, was mir oft hilft, das Thema Erlösung ein bisschen zu greifen, ist, wenn ich über Fragen von Gesundheit und Krankheit nachdenke. Diese Gegenpole kann ich nachfühlen. Krank-heit ist eine so existenzielle Erfahrung, in der ich mir nichts anderes als Erlösung wünsche. Was aber ist Erlösung? Worauf hoffen und warten wir am Ende unserer menschlichen Möglichkeiten?

Wir haben gesehen, dass unsere Verantwortung da aufhört, wo Gottes Aufgabe beginnt. Wir können niemanden erlösen. Nicht uns selbst und auch nicht den Rest der Schöpfung. Mitten in einer Pan-demie sind wir uns unserer Begrenztheit und Verletzlichkeit in grö-ßerem Maße bewusst. In Kapitel acht werden wir noch sehen, dass sogar all unsere Versuche, das Übel in dieser Welt zu erklären, an ihre Grenzen kommen. Der mitleidende Gott, den wir schon näher betrachtet haben, und unsere Verbindung mit der gesamten lebenden und nichtlebenden Welt gehören deshalb in unsere Theologie des Leids, des Übels und der Erlösung.

Jürgen Moltmann ergänzt noch den spannenden Gedanken, dass im israelischen Denken Schöpfung und Erlösung schon immer eng verbunden gewesen seien. Denn mit dem hebräischen Wort *bara* (deutsch: erschaffen) wird nicht nur die Schöpfung, wie sie im ersten Buch Mose zu finden ist, beschrieben, sondern eigentlich viel häufiger eine unerwartete und unverdiente Rettung. Schöpfung, der Auszug aus Ägypten und die Rettung am Ende der Zeit sind also ein und dieselbe Perspektive. Der Glaube an Schöpfung und der Glaube an Errettung gehören zusammen.

Moltmann sieht unsere Welt als offenes System, also mit verschiedenen Möglichkeiten, sich in unterschiedliche Richtungen zu entwickeln, und mit Bereichen, die miteinander kommunizieren können, wie wir das in unseren Ökosystemen sehen. Deshalb versteht Moltmann Sünde und Sklaverei als ein Sich-Abkapseln, Zurückziehen und Unterbinden der eigenen Möglichkeiten.

In unserer Beziehung zu Gott hat Gott die Kommunikation erneuert, nachdem wir uns von ihm abgekapselt haben, indem er selbst gelitten hat: »Dabei war es unsere Krankheit, die er auf sich nahm; er erlitt die Schmerzen, die wir hätten ertragen müssen. Wir aber dachten, diese Leiden seien Gottes gerechte Strafe für ihn. Wir glaubten, dass Gott ihn schlug und leiden ließ, weil er es verdient hatte« (Jesaja 53,4). Durch Jesus wird für uns aus Krankheit Erlösung und werden wir wieder aus unserer Abkapselung befreit. Durch Jesus werden wir gesund in einem Maße, das alles medizinische Denken und alle medizinischen Möglichkeiten übersteigt. Durch Jesus haben wir Erlösung mit Ewigkeitsperspektive. Das sollten wir bei all unseren medizinischen Maßnahmen immer im Blick behalten! Das Wissen um Erlösung ermöglicht uns eine gesunde Perspektive auf Medizin und Gesundheit.

Gedanken fürs Reisetagebuch

In diesem Kapitel haben wir gesehen, dass die meisten von uns – bewusst oder unbewusst – davon ausgehen, dass der Mensch eine besondere Rolle auf der Erde hat. Wir sitzen im Moment zumindest biologisch gesehen am längeren Hebel, aber auch die Bibel schreibt dem Menschen eine Verwalter-Rolle zu. Uns stellt sich die besondere Herausforderung, wie wir diese Rolle genau ausfüllen. Der Auftrag umfasst Verantwortung gegenüber anderen Lebewesen und der nicht belebten Natur. Aber auch Verantwortung, die zunächst wertneutralen wissenschaftlichen Entdeckungen in ein moralisches Wertesystem einzuordnen. Wir Menschen gestalten durch unsere Entdeckungen, aber auch durch unsere Werte. Beides erfordert, dass wir uns intellektuell im Rahmen unserer Möglichkeiten ernsthaft mit der Welt, aber auch unserer Weltsicht auseinandersetzen und den Dialog mitgestalten. Im nächsten Kapitel wollen wir uns deshalb noch einige überraschende Entdeckungen aus der Virusforschung anschauen, bevor wir danach darüber nachdenken, wie das wiederum unsere Vorstellung von Gut und Böse herausfordert.

Kapitel 7

Viren: Helfer im System

Vor einigen Jahren habe ich Skandinavien als Urlaubsregion für mich entdeckt. Vielleicht ist es die Weite, die man dort an vielen Orten noch vorfinden kann, die unberührte Natur oder die klaren Blau- und Grüntöne, die mich begeistern. Vielleicht sind es aber auch einfach die Landschaftsformen, die sich am und im Wasser entwickelt haben, die mich beeindrucken.

Ich weiß noch genau, wie ich an einem Wochenende im Februar mit einer Freundin zusammen die Zugstrecke von Abisko nach Narvik gefahren bin, von Schweden nach Norwegen, etwa zweihundert Kilometer nördlich des Polarkreises. Und ich kann mich auch noch genau an den Moment erinnern, als wir nach einigen Stunden, die wir an zugefrorenen Seen und kleineren Hügeln vorbeigeglitten waren, plötzlich am Ende eines riesigen Fjords herauskamen. Natürlich wusste ich, dass Narvik an einem Fjord liegt, aber die schiere Größe und Schönheit dann mit eigenen Augen zu sehen, war etwas ganz anderes.

Bei einem anderen Besuch in Schweden, diesmal im Sommer, waren wir einen Tag lang in den Schären bei Stockholm unterwegs. Die Schären sind eine vom Meer umgebene Rundhöckerlandschaft, also eine riesige Ansammlung von winzigen bis mittelgroßen Inseln. Bei Stockholm sind das rund 30 000 Inseln, die meisten davon kleiner als zwei Quadratkilometer. Die meisten dieser Inseln sind naturbelassen und werden nur von Möwen oder gelegentlich Seehunden besucht. Lediglich einhundertfünfzig dieser Inseln sind das ganze Jahr über bewohnt. Das wirklich Interessante ist aber, dass es weder Fjorde noch Schären einfach so seit jeher gibt. Beide sind das Resultat einer Eiszeit. Gletscher, die Richtung Atlantik flossen, schabten tiefe Täler ins Gestein, die später von Meerwasser geflutet wurden, als der Meeresspiegel nach Ende der Eiszeit anstieg. So entstanden Fjorde. Bei den Schären wurde das Gestein vom Inlandeis geformt und abgeschliffen, bevor es von Meer umschlossen wurde.

Du magst dich fragen, was Eiszeiten mit Viren zu tun haben. Erst mal nicht viel. Aber Fjorde und Schären sind ein gutes Beispiel dafür, dass vieles, was wir um uns herum als gegeben hinnehmen, nicht einfach schon immer so existiert hat. Unser Planet besteht aus Ökosystemen, die sich in Abhängigkeit von anderen Ökosystemen entwickeln. Mit Viren hat das insofern etwas zu tun, als vieles, was wir auf unserem Planeten entdecken, nur deshalb so aussieht oder funktioniert, weil es Viren gibt. Ein paar Beispiele werden wir in diesem Kapitel anschauen.

Virolution

Obwohl nicht ganz klar ist, woher Viren eigentlich kommen, ist zumindest klar, dass sie schon existiert haben, bevor es überhaupt mehrzellige Lebewesen oder komplexere Organismen gab. Virologen diskutieren drei verschiedene Szenarien.

In Szenario eins gab es Viren noch, bevor es die erste Zelle gab. Sie stammen möglicherweise von kleinen genetischen Elementen ab, die sich kopieren konnten. Ebenfalls wichtig in diesem Szenario ist, dass diese kopierfreudigen Elemente wichtige Grundeigenschaften für erfolgreiche Zellsysteme aufweisen. Viren wären dann also essenziell an der Entstehung von Leben beteiligt gewesen.

In Szenario zwei werden Viren als Abfallprodukt degenerierter Zellen betrachtet. Sie wären also nach den ersten Zellen, aber vor mehrzelligen Lebewesen entstanden.

HYPOTHESE A »DAS FRÜHE VIRUS«

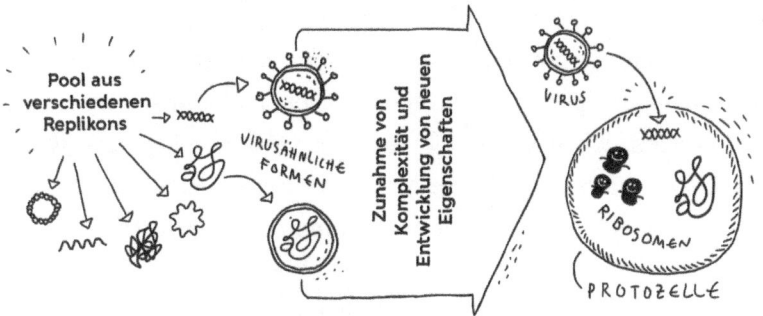

HYPOTHESE B »RÜCKSCHRITT«

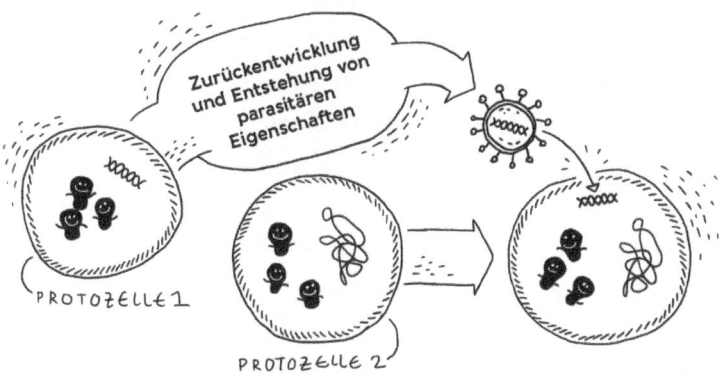

HYPOTHESE C »GEFLOHENE GENE«

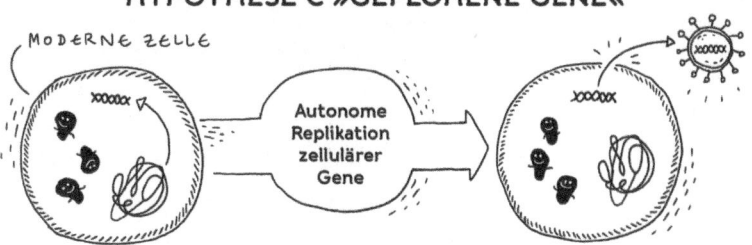

In Szenario drei sind Viren das Resultat von genetischen Elementen aus Zellen, die sich selbstständig gemacht haben. Da keines dieser Szenarien einen Anspruch auf Exklusivität erhebt, ist es natürlich auch durchaus denkbar, dass Viren auf alle drei Szenarien zurückgehen oder sich im Laufe der Entwicklung die Dinge, die unsere Zellen ihnen anbieten, zunutze gemacht haben.

Unabhängig davon, wie Viren nun genau entstanden sind, kann man aber festhalten, dass sie immer auf einen Wirt angewiesen sind. Sie müssen sich also schon immer im Umfeld von Leben vermehrt haben. Deshalb haben sie die Art und Weise, wie Zellen funktionieren, mit ziemlicher Sicherheit schon immer beeinflusst (und wurden natürlich auch selbst beeinflusst). Wie genau, fragst du dich? Zum einen üben Viren Druck auf Zellen aus. Denn diese wollen das Virus ja möglichst wieder loswerden und reagieren entsprechend. In der Folge haben Zellen nicht nur unterschiedlichste Formen von Immunsystemen entwickelt, sondern auch alle anderen zentralen Mechanismen in der Zelle, wo möglich, angepasst. Wie bereits erwähnt, wurde womöglich jede dritte aller auf Anpassung beruhenden Veränderungen an Proteinen durch Viren verursacht. Zum anderen bringen Viren neue genetische Information in eine Zelle. Wir kennen inzwischen einige Beispiele, in denen Zellen sich diese Informationen zunutze gemacht haben.

In den folgenden Kapiteln kommen wir immer wieder auf solche Beispiele zurück. Fürs Erste halten wir fest, dass Viren diesen Planeten schon lange mitgestalten und dass das, was wir sehen, ohne Viren vermutlich anders aussähe.

Des einen Leid, des anderen Freud

Wie wir bereits gesehen haben, ist nicht nur der Mensch von Viren betroffen, sondern letztlich können alle Lebewesen auf diesem Planeten von Viren infiziert werden. Aus eigener Erfahrung wissen wir, dass eine Infektion so einige Details in unserem Alltag ändert. Wir sind nicht mehr so fit, bleiben ein bisschen länger im Bett oder melden uns krank und ändern vielleicht auch unseren Ernährungsplan. Letzteres war immer das einzig Gute daran, wenn ich als Kind mit einer dieser furchtbaren Magen-Darm-Geschichten gestraft war. Denn immerhin wurde meine Ernährung dann auf Cola und Salzstangen umgestellt.

Mit weitreichenden Veränderungen durch eine Infektion stehen wir aber nicht alleine da. Ob Mensch oder Tier, eine virale Infektion führt zu Veränderungen im Verhalten. Von Aktivität, Ernährung und Interaktionen bis hin zum Aufenthaltsort. So ist von Zebrafischen bekannt, dass sie sich nach einer Infektion mit einem Virus, das die Frühlingsvirämie der Karpfen auslöst, in um drei Grad wärmeres Wasser zurückziehen, um das Virus besser bekämpfen zu können. Dieser Trick mit der Temperaturerhöhung kann auch bei infizierten Zuchtkarpfen angewandt werden. Erhöht man die Wassertemperatur, können Karpfen das Virus besser bekämpfen.

Für die rote Feuerameise wurde vor ein paar Jahren gezeigt, dass sie – mit einem bestimmten Virus infiziert – ihr Nahrungssuchverhalten reduziert, sowohl in Intensität als auch in Effizienz. Sie nimmt weniger fettreiche Nahrung zu sich und bevorzugt stattdessen kohlenhydratreiche Nahrung. Es wird vermutet, dass das den Kontakt zu nichtinfizierten Ameisen reduzieren soll und damit die Virusübertragung und -ausbreitung innerhalb der Kolonie. Ein ähnliches Phänomen wurde auch für infizierte Honigbienen beschrieben.

Was wir oft nicht bedenken, ist, wie sich Veränderungen im Leben eines Einzelnen auf die ganze Gruppe auswirken. Am ehesten bekommen wir ein Gefühl für diese Auswirkungen, wenn ein Familienmitglied erkrankt und dadurch den Rhythmus und die Möglichkeiten von allen anderen in der Familie beeinträchtigt. Ganz genauso führt auch die Infektion jedes Mitglieds eines Ökosystems zu Veränderungen im Gesamtökosystem. Was auf der Ebene des Einzelnen zu Verhaltensänderungen führt, kann auf der Ebene der Gesamtpopulation zu Veränderungen in Geburten- und Sterberaten führen. Dies führt wiederum zu veränderten Jäger-Beute-Beziehungen und Wettbewerbsbedingungen. In dramatischen Fällen kann das weitreichende Konsequenzen haben, die mit dramatischen Veränderungen des gesamten Ökosystems einhergehen.

Jetzt ist es natürlich schwer, rückblickend zu sagen, welche Ökosysteme nur deshalb so aussehen, wie sie heute aussehen, weil es entweder früher mal eine größere akute Virusinfektion gab oder es langfristig eine chronische Durchseuchung mit einem spezifischen Virus gibt. Allerdings gibt es einige gut dokumentierte Beispiele, die erahnen lassen, in welchem Maßstab Ökosysteme von Virusinfektionen geformt sein könnten. Während einer größere Teile Afrikas betreffenden Rinderpest-Pandemie in den 1890er-Jahren waren auch größere Mengen von Gnus und Büffeln in Tansania betroffen. Die verminderten Herden reduzierten den Weidedruck auf weite Teile des Landes und Feuer konnten sich durch die nicht abgefressenen Graslandschaften weiter ausbreiten als vorher. Waldflächen verschwanden und Weideflächen wurden Dauerzustand. Durch Impfungen, die die Rinderpest verdrängten, nahm der Bestand an Gnus und Büffeln wieder zu und die Landschaft verwandelte sich zurück in Waldflächen.

Super-Viren

Wenn du dir eine Superkraft aussuchen dürftest, welche wäre das? Obelix hatte Glück. Der ist als Kind direkt in den Zaubertrank gefallen und wurde so superstark. Spiderman kann sich seit dem Biss durch eine radioaktive Spinne behände von Hochhaus zu Hochhaus schwingen. Doktor Strange lernt von der Ältesten in Nepal magische Künste und kann so Dimensionen der Realität, wie Zeit und Raum, überwinden. All diese Superhelden haben nicht nur unterschiedlichste Superkräfte, die ich mir manchmal wünschen würde, sondern haben diese auch auf unterschiedliche Weise erlangt. Was ist, wenn ich jetzt behaupte, dass auch Viren manchmal Superkräfte verleihen können?

Zugegebenermaßen habe ich dafür noch kein Beispiel, was den Menschen betrifft, aber wenn wir auf andere Lebewesen schauen, gibt es inzwischen einige interessante Entdeckungen, wie Viren Superkräfte verleihen können. Klee, der mit einem Virus infiziert ist, das die schöne Abkürzung WClMV *(white clover mosaic virus)* trägt, ist plötzlich weniger interessant für bestimmte Mücken. Wilde Kürbisse, die mit ZYMV *(zucchini yellow mosaic virus)* infiziert sind, sind resistenter gegen Käfer. Aber nicht nur gegen Schädlinge können Viren helfen, sondern offensichtlich auch manchmal gegen widrige Bedingungen. Von Reis wissen wir, dass eine Infektion mit BMV *(brome mosaic virus)* gegen Trockenheit hilft. Infizierte Pflanzen sind viel resistenter.

Noch kennen wir zwar nur einzelne solcher Fälle, aber es kommt eben immer auf die Kombination von Wirt und Virus an. Und zugegebenermaßen suchen wir nach Viren ja auch meist erst, wenn wir nach einem Krankheitserreger suchen. Sobald wir aber systematisch nach Viren suchen, sehen wir, dass die allermeisten erst mal gar keine Auswirkungen auf den Wirt haben und manche sogar positive.

Futterneid und Vielfalt

Wer mit Geschwistern aufgewachsen ist, weiß, dass Futterneid ein reales und ernst zu nehmendes Problem ist. Nachtischportionen müssen auf das Gramm genau abgewogen und auf den Zentimeter genau abgemessen werden, damit auch niemand das Gefühl hat, zu kurz zu kommen. Und kaum sonst irgendwo im Familienalltag zeigen sich unterschiedliche Lebensphilosophien so klar wie am Esstisch. Da gibt es die, die sich das Beste bis zum Schluss aufheben, und die, die sich zuallererst auf die leckersten Teile stürzen. Ich hatte Glück. Meine Geschwister und ich kamen uns nur gelegentlich in die Quere. Ich kann mich aber noch durchaus an das Gefühl erinnern, das mich überkam, nachdem ich meine erste eigene Wohnung bezogen hatte: das zutiefst befriedigende Wissen, dass das, was ich nach dem Einkauf in den Kühlschrank verfrachtet hatte, dort abends noch immer auf mich warten würde. Ich weiß, das ist lächerlich, wenn man in einem Land lebt, in dem Supermärkte nur noch selten geschlossen sind und die meisten Produkte von mindestens zehn verschiedenen Firmen angeboten werden. Aber irgendwo tief in uns allen sitzt ein Instinkt, der grundsätzlich um unsere Versorgung und unser Überleben besorgt ist. Dass das wiederum gerechtfertigt ist, wissen wir, wenn wir sehen, wie ungleichmäßig Ressourcen auf diesem Planeten verteilt sind.

Zurück zu den Viren. Wir haben gelernt, dass ihre Anzahl insbesondere in den Meeren beeindruckende Ausmaße hat. Neben Fischen, Algen und Säugetieren infizieren Viren dort vor allem Mikroorganismen wie Bakterien und vernichten damit täglich ein Fünftel davon. Diese Mikroorganismen, obwohl sie einzeln betrachtet sehr klein sind, würden allein durch ihre Biomasse, also ihre schiere Menge, einen großen Teil der Nährstoffe im Meer verbrauchen. All das wäre vermutlich gar nicht mal so schlimm, wenn wir in einem System mit ausreichend Platz und unbegrenzten Ressourcen leben würden.

Da das aber nicht der Fall ist, würde die große Menge an Mikroorganismen dafür sorgen, dass für andere Lebewesen nicht genug Nährstoffe zur Verfügung stehen würden.

Durch Virusinfektionen wird die Gesamtmenge dieser Mikroorganismen dagegen in Schach gehalten und genügend Mikroorganismen sterben in regelmäßigen Abständen ab, bevor sie überhandnehmen. Viren ermöglichen so überhaupt erst die ungeheure Vielfalt an Lebewesen in unseren Meeren. Artenvielfalt gelingt nur, wo keine einzelne Art überhandnimmt. Viren tragen einen Teil dazu bei.

Recycling

Wir Deutschen sind weltweit nicht nur dafür bekannt, dass wir gerne pünktlich sind und Prozesse optimieren (wobei das beim Berliner Flughafen leider weniger offensichtlich war), sondern auch dafür, dass wir unseren Müll mit einer Besessenheit trennen, die man kaum sonst wo findet. Papier, Bio, Restmüll, Plastik, Glas sind Standard. Wer einen Garten hat, hat in der Regel auch einen eigenen Kompost. In manchen Regionen werden verwirrenderweise *flach* und *rund* getrennt. Aber das wirkliche Highlight beim Thema Müll ist das deutsche Pfandflaschensystem. Getränkeflaschen im Supermarkt kaufen, leer trinken und dann einfach wieder im Supermarkt abgeben.

Dass das in anderen Ländern kein etabliertes System ist, war mir schon klar. Wie exklusiv es allerdings ist, wurde mir erst bewusst, als eine asiatische Arbeitskollegin mich vor einem Jahr fragte, ob es dieses fantastische Recyclingsystem in Deutschland wirklich gebe, nachdem sie irgendwo eine Doku zu dem Thema gesehen hatte. Ressourcen wiederzuverwenden oder neu nutzbar zu machen ist und sollte kein Luxus sein. Denn früher oder später kommen wir mit den meisten Ressourcen an eine Grenze.

Auch in der Natur ist das wichtig. Ohne Recycling im weiteren Sinne würden unseren Pflanzen irgendwann die Nährstoffe ausgehen und unseren Tieren die Nahrung. Gerade haben wir gesehen, dass Viren verhindern, dass einzelne Organismen überhandnehmen, und dadurch Vielfalt ermöglichen. Damit geht einher, dass Viren helfen, Ressourcen wieder nutzbar zu machen. Im Meer gibt es etwa zehnmal mehr Viren als Bakterien. Durch eine Infektion wird nicht nur verhindert, dass diese Bakterien überhandnehmen, sondern auch dafür gesorgt, dass diese Bakterien in ihre Bestandteile zerlegt werden, bevor sie in tiefere Meeresschichten absinken würden. Diese chemischen Einzelbestandteile können dann wiederum von anderen Lebewesen in den höheren Meeresschichten genutzt werden. Nährstoffe werden quasi recycelt.

Einige Studien zeigen, dass dieses System keineswegs nur auf die großen Weltmeere beschränkt ist, sondern auch in kleineren Gewässern stattfindet und ersten Erkenntnissen zufolge auch im Erdboden. Im ersten Kapitel dieses Buches haben wir gesehen, dass Viren mit einem unterschiedlichen Repertoire an Werkzeugen ausgestattet sind. Manche dieser Werkzeuge können eben auch dazu dienen, große Makromoleküle auf kleine Untereinheiten herunterzubrechen. Diese können dann von Lebewesen wieder aufgenommen und weiterverarbeitet werden.

Tief einatmen

Falls dir Artenvielfalt und das Ökosystem Meer kein unmittelbares Herzensanliegen sind, gibt es durchaus noch wichtigere Gründe, warum man der Virenvielfalt und ihren Beiträgen zum Leben auf dem Planeten Erde ein bisschen mehr Aufmerksamkeit schenken sollte.

Unsere Weltmeere sind nicht nur Lebensraum für eine erstaunliche Artenvielfalt, sondern auch Lebensraum für eine ganze Reihe von für uns relevanten Bakterien. Was vermutlich die wenigsten wissen, ist, dass Cyanobakterien für ungefähr die Hälfte der Sauerstoffgewinnung in unserer Atmosphäre verantwortlich sind. Viren, die diese Bakterien infizieren, sind dadurch nicht nur für Sterblichkeitsraten innerhalb dieser lebenswichtigen Planktonfamilie zuständig, sondern auch für deren ursprüngliche Entwicklung und Vielfalt. Viren haben nach heutigem Wissen wesentlich dazu beigetragen, dass diese Bakterien so aussehen und funktionieren, wie sie es heute tun, und dass es sie in solch großer Vielfalt gibt.

Ein paar Mechanismen, wie Viren zur Entwicklung beitragen, haben wir gerade schon kennengelernt. Darüber hinaus bringen einige dieser Viren Werkzeuge mit, die zur Fotosynthese genutzt werden können. Sie helfen also womöglich aktiv mit, Sauerstoff zu produzieren. Wir sollten also vielleicht von Zeit zu Zeit oder einfach mal bei jedem zweiten Atemzug den positiven Einfluss von Viren auf die Welt, wie wir sie heute kennen, wertschätzen!

Daneben leisten Viren womöglich auch ihren Beitrag gegen die globale Erwärmung. Wie bereits erwähnt, infizieren und töten Viren Mikroorganismen. Viele Mikroorganismen haben eine Schale aus Kohlenstoff. Wenn das Virus den Mikroorganismus tötet, sinkt dieser im Meer in tiefere Schichten und zusammen mit seiner Schale sinken auch größere Mengen an Kohlenstoffdioxid, die über Jahrtausende dadurch dem Kreislauf entzogen sind.

Im Darm unterwegs

Spannende Forschungsergebnisse aus den letzten zehn Jahren haben nicht nur im Bereich Virologie zu tollen neuen Entdeckungen geführt, sondern auch im Bereich Mikrobiologie. Die Entdeckung, dass Bakterien in unserem Darm einen entscheidenden Beitrag zu unserem Immunsystem leisten und viele Krankheiten auf eine falsch eingestellte Darmflora zurückzuführen sind, haben in kürzester Zeit fast wie eine Art Imagekampagne für Bakterien gewirkt. Quasi über Nacht wurden sie vom Feind zum Freund.

Wenn du nach der Lektüre dieses Buches noch nicht genug hast von der Welt der Krankheitserreger und Mikroorganismen, kann ich dir raten, dich auch noch mal mit Bakterien zu beschäftigen. Allerdings möchte ich an dieser Stelle auch anmerken, dass bereits vor rund hundert Jahren erkannt wurde, dass die Bakterien in unserem Darm auch von Viren infiziert sind. Die Rolle dieser Viren ist dabei jedoch bis heute nur sehr unvollständig verstanden. Aber ich bin mir sicher, dass wir in den nächsten Jahren noch faszinierende Erkenntnisse gewinnen werden, wie Viren im Darm zu unserem Wohlempfinden beitragen.

Es ist eine Tatsache, dass bei den Menschen der Darm von nahen Verwandten in der Regel von sehr ähnlichen Bakterien besiedelt ist. Das gilt interessanterweise aber nicht für die Viren, die diese Darmbakterien infizieren. Erste Studien an eineiigen Zwillingen und deren Müttern zeigen, dass sich die Viren aus dem Darm zwischen Individuen erstaunlich stark unterscheiden, diese dafür aber über Jahre hinweg sehr stabil bleiben.

Viren tragen zur Entwicklung, Struktur, Dynamik und Vielfalt der für uns so nützlichen Bakterienfamilien bei. Eine fehlende Regulation und ein Überhandnehmen von schädlichen Darmbakterien kann zu entzündlichen Darmerkrankungen führen. Details, wie Viren dieses Szenario beeinflussen, sind allerdings noch kaum erforscht.

Aber es gibt erste Beispiele bei anderen Arten, die darauf hindeuten, dass Viren auch aktiv wichtige Funktionen in der Beziehung zwischen Darmbakterium und Wirt ausüben. Hier noch mal ein Beispiel aus dem Meer: Im Darm der Schlauchseescheide, ein Manteltier, das im Ostatlantik und Nordpazifik verbreitet ist, bildet ein Bakterium mit dem Namen Shewanella einen Biofilm. Ein Virus, das dieses Bakterium infiziert, hat unter Laborbedingungen erheblich zur Biofilm-Generation beigetragen. Das Virus könnte in der freien Natur also ein wichtiges Bindeglied im Miteinander zwischen Schlauchseescheide und Bakterium sein. Auch für unsere Gesundheit könnte der Beitrag von Viren also womöglich komplexer sein als bisher gedacht.

Für diese bakterieninfizierenden Viren wurde inzwischen auch gezeigt, dass sie nicht nur auf den Darm beschränkt sind, sondern auch an andere Stellen im Körper wandern können und sogar menschliche Zellen erfolgreich infizieren. Dort können sie Immunantworten direkt beeinflussen, indem sie zum Beispiel messbar Entzündungsmarker im Blut reduzieren, reaktive Sauerstoffspezies und Immunzellaktivierung senken. Es wird spekuliert, dass dies womöglich auch zu einer gewissen körpereigenen Toleranz bei Transplantationen und einer Anti-Tumor-Aktivität beitragen könnte. In Zukunft könnte also auch denkbar sein, Viren dafür therapeutisch einzusetzen.

Trojanische Pferde und andere Tricks

Eine meiner Lieblingsgeschichten in der griechischen Mythologie ist die vom Trojanischen Pferd. Nach Jahren der erfolglosen Belagerung Trojas durch die Griechen kommen diese auf die Idee, die Stadt durch einen Trick zu erobern. Statt weiterhin wie wild von außen gegen die Stadtmauern anzugehen, bauen sie ein riesiges Pferd aus Holz und überlassen es den Trojanern als Geschenk, während sie den Rückzug vortäuschen. Die Trojaner holen das Pferd in die Stadt, ohne zu ahnen, dass sich im Bauch des Pferdes griechische Soldaten verstecken, die nachts von innen die Stadttore für den Rest des Heeres öffnen. Innerhalb kürzester Zeit besiegen die Griechen so die beinahe völlig wehrlosen Trojaner.

Eine ziemlich clevere und zielgerichtete Strategie! Unabhängig davon, ob diese Überlieferung genau so oder ähnlich stattgefunden hat, hat da mal einer außerhalb der Box gedacht. Wir wollen uns daher nun ein paar Strategien anschauen, die wir von Viren gelernt haben und jetzt medizinisch einsetzen können, sowie Strategien, die wir mithilfe von Viren umsetzen können.

Eines der Schlüsselmerkmale von Viren ist ja, dass sie sich nicht gewaltsam Zutritt zu unseren Zellen verschaffen, sondern quasi hineingelassen werden, wenn sie nur an den richtigen Rezeptor binden. Ähnlich wie das Trojanische Pferd kann man also, wenn man es richtig anstellt, Viren als Transportmittel benutzen, um Informationen an bestimmte Zellen zu verteilen. In der Forschung und seltener in Therapien, oft auch, wenn nichts anderes mehr hilft, wird das schon gemacht.

Ein Beispiel für eine Therapie, bei der ein harmloses Virus erfolgreich und sicher bereits therapeutisch eingesetzt wird, ist bei einer angeborenen Art der Netzhautablösung. Weil ein Gen in wichtigen Zellen im Auge kaputt ist, erblinden Betroffene oft schon im frühen

Kindesalter. Mit einem Virus können Ärzte aber die Bauanleitung für das funktionstüchtige RPE65-Gen in die richtige Zelle in der Netzhaut bringen und Patienten gewinnen auf diese Weise ihr Augenlicht zurück.

Wie wir beim Thema Impfung schon gesehen haben, werden Viren auch dazu eingesetzt, unser Immunsystem auf eine Infektion mit einem gefährlichen Virus vorzubereiten. Ganz aktuell wird zum Beispiel die abgespeckte Version eines Adenovirus vom Affen dazu genutzt, dem Immunsystem vorab zu zeigen, wie das Oberflächenprotein des SARS-CoV-2 aussieht. Infizieren wir uns dann mit dem echten und gefährlichen Virus, kennt sich unser Immunsystem schon aus und Antikörper können das Virus direkt aus dem Verkehr ziehen.

Für andere Impfstoffe werden die Original-Viren auch einfach inaktiviert, indem man etwa das Erbgut durch Bestrahlung mit UV-Licht so verändert, dass es nicht mehr funktionstüchtig ist. In jedem Fall sind virale Impfstoffe sehr gut darin, unser Immunsystem auf den Ernstfall vorzubereiten. Wie bereits erwähnt, sind diese Lebendimpfstoffe den Totimpfstoffen überlegen und sorgen in der Regel für lebenslangen Schutz.

In der Medizin werden Viren aber nicht nur als Trojanisches Pferd eingesetzt, sondern in vielen Fällen auch wegen anderer spezifischer Eigenschaften, die manche Viren so mit sich bringen. Zu diesen Eigenschaften gehört unter anderem auch die Fähigkeit, Zellen abzutöten und das Immunsystem zu aktivieren. Viren sind eben auch immer noch Krankheitserreger.

Eine Anwendung dafür, die noch in der Entwicklung ist, ist die Krebstherapie. Dafür werden Viren verwendet, die schon als Impfstamm zugelassen sind. Denn ihre Sicherheit ist dadurch schon geprüft. Diese Viren, wie Pockenviren oder das vorhin genannte Adenovirus, werden genetisch so verändert, dass sie gezielt Krebszellen infizieren und diese in den Selbstmord treiben. Gleichzeitig ermöglichen es die Viren dann auch, dass das Immunsystem durch diesen Prozess auf den Tumor aufmerksam wird. Denn das wird von vielen Tumoren oft aktiv unterdrückt. Eine Aktivierung des Immunsystems hilft dann zusätzlich, den Tumor zu bekämpfen.

In China ist eine solche Therapie schon für bestimmte Tumore im Kopf-Hals-Bereich zugelassen. In Europa befinden sich diverse dieser sogenannten onkolytischen Viren in klinischen Studien und werden gegen unterschiedlichste Krebsarten getestet. Eine Therapie mit Viren könnte den Vorteil haben, dass sie weniger Nebenwirkungen verursacht als die bisher oft eingesetzte Chemotherapie. Da Viren sich im Körper vermehren, kann der Körper innerhalb eines bestimmten Zeitraums quasi sein eigenes Medikament herstellen.

Eine Schwierigkeit ist allerdings, dass unser Immunsystem auch die Wirksamkeit der Therapie reduzieren könnte, wenn der Patient diesem Virus zu einem früheren Zeitpunkt schon einmal begegnet ist. Denn dann haben wir ja schon ein Gedächtnis gegen das Virus ausgebildet und unser Immunsystem kann es schnell außer Gefecht setzen.

Ein anderes Beispiel, wie diese Eigenschaften eines Virus in Zukunft genutzt werden sollen, ist die Anwendung als Antibiotika-Ersatz. Immer mehr Bakterien entwickeln Resistenzen, also eine Widerstandsfähigkeit, gegen die bisher entwickelten Antibiotika-Klassen, was zu multiresistenten Keimen führt. Allein 2015 starben in Europa gut 33 000 Menschen an den Folgen einer Infektion mit Antibiotika-resistenten Erregern. Da Bakterien von Viren infiziert werden können, können diese genetisch so verändert werden, dass sie gezielt eine bestimmte Gruppe krankheitserregender Bakterien abtöten.

In Westeuropa werden diese sogenannten Phagentherapien bisher nur genutzt, wenn sonst nichts mehr hilft. In einer Forschungsarbeit von 2019 wird von einem Beispiel aus den USA berichtet: Ein fünfzehnjähriges Mädchen mit Mukoviszidose, das bereits seit acht Jahren wegen einer chronischen Bakterieninfektion Antibiotika bekam, konnte erfolgreich durch eine Phagentherapie behandelt werden. Der Erreger, mit dem sie infiziert war, hatte Antibiotikaresistenzen entwickelt und sprach auf kein Antibiotikum mehr an. Durch einen Cocktail aus drei verschiedenen Bakteriophagen bekamen die Ärzte die Infektion jedoch wieder in den Griff. Bis Phagentherapien eines Tages für die breite Masse anwendbar sind, bedarf es aber noch einiger Forschung.

Die Genschere

Daneben verdanken wir – zumindest indirekt – den Viren noch eine weitere Anwendung für Forschung und Therapie, nämlich die sogenannte Genschere, die sich hinter dem kompliziert klingenden Akronym CRISPR-Cas *(clustered regularly interspaced short palindromic repeats)* verbirgt. Die gibt es nur deshalb, weil Bakterien einen Trick entwickelt haben, um sich gegen Viren zu schützen.

Wie wir wissen, werden sogar Bakterien von Viren infiziert. Um diese schnell wieder loszuwerden, haben bestimmte Bakterien angefangen, Buchstabenbereiche aus dem Erbgut des Virus zu sammeln und in ihrem eigenen Erbgut abzuspeichern. Wird das Bakterium dann mit einem Virus infiziert, von dem es schon einen Buchstabenbereich gesammelt hat, kann es mithilfe dieses Abschnitts ein bestimmtes Molekül, das Cas *(CRISPR-associated)* heißt, zum Erbgut des Virus schicken. Das Molekül zerschneidet dann gezielt das Erbgut des Virus, wodurch die Infektion effizient bekämpft wird. Denn ohne Erbgut kein Virus.

CRISPR: ODER WIE BAKTERIEN GELERNT HABEN, VIREN ZU BEKÄMPFEN

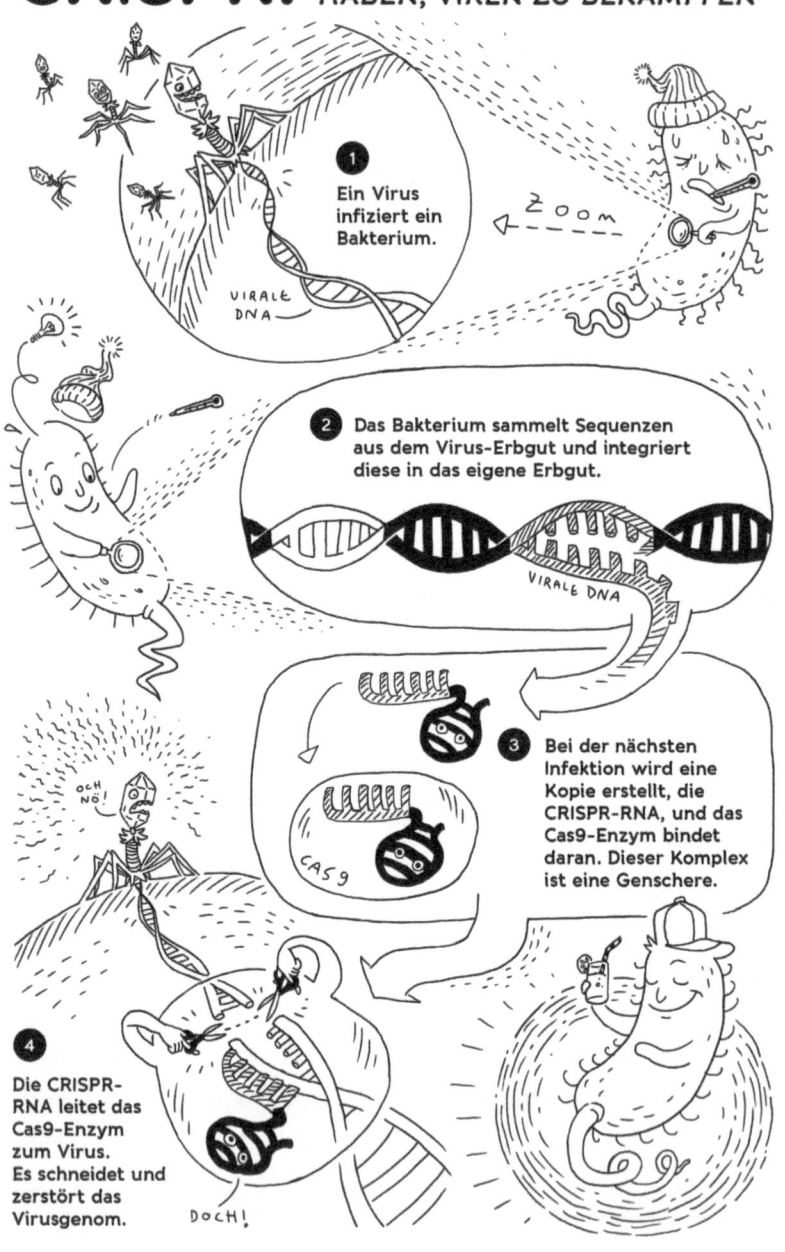

1 Ein Virus infiziert ein Bakterium.

VIRALE DNA

2 Das Bakterium sammelt Sequenzen aus dem Virus-Erbgut und integriert diese in das eigene Erbgut.

VIRALE DNA

3 Bei der nächsten Infektion wird eine Kopie erstellt, die CRISPR-RNA, und das Cas9-Enzym bindet daran. Dieser Komplex ist eine Genschere.

CAS 9

4 Die CRISPR-RNA leitet das Cas9-Enzym zum Virus. Es schneidet und zerstört das Virusgenom.

Seit der Entdeckung, dass man mithilfe dieses Systems ganz gezielt und hochwirksam Erbgut schneiden und verändern kann, wird die CRISPR-Cas-Technologie in einer ganzen Reihe wichtiger Anwendungen verwendet. Insbesondere in der Forschung hat die Genschere viele Prozesse vereinfacht. Vieles, was früher sehr lange gedauert hat und sehr teuer war, kann jetzt deutlich schneller, präziser und vor allem in einem bezahlbaren Rahmen umgesetzt werden. Vor allem in der Krebsforschung können so Ursachen und Therapien für Patienten besser erforscht werden. In großen Screenings können Medikamente getestet, ihre Wirksamkeit verbessert und ihre Toxizität gesenkt werden. Gleichzeitig wird gehofft, dass die Genschere selbst auch eines Tages direkt gegen Krebs eingesetzt werden kann.

Die Entdeckung von CRISPR-Cas hat natürlich auch den Traum beflügelt, eines Tages doch Krankheiten heilen zu können, die heutzutage noch unheilbar sind. Dazu gehören insbesondere genetisch bedingte Erbkrankheiten oder Aids, da das Virus sich ja in unserem Erbgut einnistet. Für eine Heilung müsste man also entweder alle Zellen, in deren Erbgut sich das Virus befindet, abtöten oder das Virus wieder herausschneiden.

All das ist jedoch Zukunftsmusik und, ohne Frage, mit großen ethischen Bedenken verbunden. Eingriffe in das menschliche Erbgut und gerade in die Keimbahn können Konsequenzen nach sich ziehen, deren Tragweite wir nicht überblicken können. Nur weil etwas technisch möglich ist, muss es deshalb nicht zwingend die richtige Entscheidung sein.

Im November 2018 schockierte He Jiankui, ein Wissenschaftler aus China, die Welt mit der Nachricht, dass er mithilfe der Genschere zwei Babys genetisch so verändert habe, dass sie ein Leben lang immun gegen HIV seien. Was folgte, war nicht nur ein medialer Aufschrei, sondern auch ein Aufschrei vonseiten der Wissenschaft und die wissenschaftliche Ächtung He Jiankuis. Solch ein Handeln war nach wissenschaftlichem Konsens unethisch, es ging um Fragen der Sicherheit, um das Einverständnis der Eltern – und ganz nebenbei bemerkt, macht die angeblich eingefügte Veränderung wissenschaftlich auch nur wenig Sinn. Aber das ist wieder ein anderes Thema. Die Entdeckung von CRISPR-Cas ist insgesamt in vielerlei Hinsicht ein großer Segen, geht aber mit umso größerer ethischer Verantwortung einher.

Gedanken fürs Reisetagebuch

In diesem Kapitel haben wir gesehen, dass Viren diese Welt von Anfang an mitgestaltet haben. Entgegen unserer Wahrnehmung sind Viren nur in wenigen Fällen schädlich, in manchen Fällen sogar sehr nützlich. Sie beeinflussen nicht nur Verhalten und Möglichkeiten einzelner Lebewesen, sondern das Zusammenspiel aller Lebewesen und Ökosysteme. Einige Tricks haben wir uns sogar von ihnen abgeschaut und nutzen diese therapeutisch. Obwohl es also durchaus verständlich ist, Viren wie das personifizierte Böse zu behandeln, wenn man selbst infiziert ist oder eine Pandemie bekämpfen will, zwingen sie uns doch, noch mal genauer darüber nachzudenken, wie wir eigentlich über die Kategorien Gut und Böse denken. Worauf unsere Definitionen beruhen. Und was wir eigentlich glauben, wo beides herkommt. Dazu mehr im nächsten Kapitel.

Kapitel 8

Gut und Böse

Durch die vielen Lockdowns habe ich im vergangenen Jahr deutlich mehr Zeit vor dem Fernseher verbracht als sonst. Ob das jetzt pädagogisch wertvoll ist oder nicht, darüber lässt sich streiten. Aber ich habe die Gabe entwickelt, anhand eines fünfminütigen Ausschnitts ziemlich akkurat Hauptpersonen, -konflikt und -gegner vorauszusagen. Denn bis auf wenige Ausnahmen, in denen der Produzent absichtlich mit unseren Klischees spielt, ist ein Drama ja immer irgendwie ähnlich aufgebaut und gibt es einige klassische Merkmale, die einen Bösewicht kennzeichnen.

Im vorigen Kapitel haben wir gesehen, dass die Einteilung in Gut und Böse im wahren Leben deutlich schwieriger ist als in Hollywood. Viren können überraschend nützlich sein und leisten einen enormen Beitrag zu Ökosystemen. Heißt das, dass Viren gar nicht so böse sind, wie wir immer dachten? Und wenn wir Viren nicht als Übel bezeichnen können, als was denn dann? Gibt es gute und böse Viren? Oder gibt es das Böse vielleicht gar nicht?

Der Nutzen des Leides

Das mag vielleicht eine dumme Frage sein, aber woher wissen wir eigentlich, dass es so etwas wie das Böse überhaupt gibt? Das ist ja vermutlich keine Erfindung von Hollywood, oder? Gefühlt ist es etwas, was tiefer sitzt und beschreibt, was wir in der Welt wahrnehmen. Denn die Fülle an Leid, die wir beobachten können, ist durchaus gewaltig. Wir sehen Menschen leiden und auf der Flucht, aber genauso auch Tiere, deren Lebensräume zerstört werden. Und ganz grundsätzlich beobachten wir, wie Lebewesen egal welcher Art ums Überleben kämpfen, um genug Nahrung, Schutz oder Nachkommen.

Irgendetwas in dieser Welt scheint grundlegend aus dem Gleichgewicht geraten und stattdessen in Schieflage zu sein. Und auch die Bibel beschönigt da nichts, sondern beschreibt ganz klar: »Wir wissen ja, dass die gesamte Schöpfung jetzt noch leidet und stöhnt wie eine Frau in den Geburtswehen« (Römer 8,22). Wo kommt diese Schieflage her? Und wenn sie so normal ist, warum stört sie uns dann?

Wenn wir jetzt einfach mal nur unsere Biologie-Brillen aufsetzen, sehen wir, dass es eine ganze Reihe vernünftiger Fragen und Antworten zu Leid gibt, für die wir erst mal keinen Gott brauchen.

Frage 1: Ist Leid denn nicht auch nützlich?

Ja, auf jeden Fall. Menschen, die keinen Schmerz spüren, sind ständig in Gefahr, sich ernsthaft zu verletzen. Denn Schmerz ist ein super Schutzmechanismus. Wenn ich auf eine heiße Herdplatte fasse, ziehe ich die Hand normalerweise sofort wieder zurück. Tue ich das nicht, riskiere ich dramatische Verbrennungen. Die Erfahrung von Schmerz hält mich am Leben.

Frage 2: Ist es nicht ein bisschen dramatisch, zu behaupten, dass alle Schöpfung leidet? Das ist doch alles eine Frage des Bewusstseins, oder?

Das ist ein fairer Einwand. Wir sind uns vermutlich einig, dass alle höher entwickelten Lebewesen Schmerz in einer Art und Weise empfinden, die unserer ähnelt. Aber was ist mit den Lebewesen, die uns weniger ähnlich sind? Wie sehr »leidet« eine Pflanze? Oder ein Bakterium? Fakt ist, wir wissen nicht, wie bewusst bestimmte Lebewesen Leid wahrnehmen. Und uns ist auch klar, dass wir anderen Lebewesen oft menschliche Züge andichten, wenn wir uns in bestimmten Verhaltensweisen wiedererkennen. Man könnte aber auch all das als Leid definieren, was einem Lebewesen Möglichkeiten raubt oder daran hindert, zu gedeihen.

Ein berühmtes Beispiel, das immer wieder diskutiert wird, ist das Töten von Nestlingen als Überlebensstrategie. Bei Adlern frisst zum Beispiel das stärkere Geschwister das schwächere. Bei Pelikanen wirft das stärkere Junge das schwächere aus dem Nest. Das Leben des Schwächeren besteht also im Wesentlichen aus Schmerz, Missachtung und vorzeitigem Tod. Denn es war eigentlich nur ein Backup, falls dem anderen etwas zugestoßen wäre.

Frage 3: Kann denn eine Welt ohne Leid überhaupt existieren? Ohne evolutionären Druck (also Leid für die, die noch nicht angepasst sind) und Tod gäbe es doch überhaupt keine Artenvielfalt?

Auch das ist vermutlich richtig. Rein biologisch gesehen, funktioniert diese Welt nicht ohne Leid. Und das ist deshalb vermutlich für uns Christen auch die alles entscheidende Frage. Warum hat Gott diese Form der Welt überhaupt zugelassen? Wie passt sie zu seinem liebenden Wesen?

Moralisches und natürliches Übel

Grob gesehen unterteilen wir das Übel in dieser Welt intuitiv gerne in moralisches und natürliches Übel. Moralisches Übel ist dann all das, was ich persönlich falsch mache, wo ich gegen bestimmte moralische Richtlinien verstoße und mir oder anderen so Leid zufüge. Und natürliches Übel ist all das, was in der Natur Leid verursacht. Also Dinge wie Erdbeben, Tsunamis oder eben auch Viren.

Dass diese Einteilung einen Haken hat, haben wir in vorhergehenden Kapiteln bereits gemerkt. Denn es gibt im Umgang mit Viren ja auch eine Eigenverantwortung. So mancher Lebensstil begünstigt die Verbreitung von Viren ganz unabhängig von einer moralischen Bewertung. Viren wie HIV oder das humane Papillomavirus können durch ungeschützten Geschlechtsverkehr übertragen werden. Das Überspringen von Viren vom Tier auf den Menschen wird durch Tiermärkte oder das Jagen und Verspeisen von Wildtieren begünstigt. Und erhöhtes Flugaufkommen und Massenansammlungen vereinfachen und beschleunigen die Entstehung von Pandemien. Diese Liste ließe sich noch weiter fortführen. Statt jammernd auf das Elend zu schauen, müssen wir uns in vielen Fällen also erst mal an die eigene Nase fassen. An manchem Übel sind wir schlicht und ergreifend selbst schuld.

Weshalb wir die Kategorien Gut und Böse trotzdem diskutieren müssen, hat aber folgenden Grund: Alle diese eigenverantwortlichen Entscheidungen sind im besten Falle Risikofaktoren. Denn keine dieser menschlichen Entscheidungen hat die Existenz von Viren selbst verursacht. Sie gehören also doch irgendwie in die Kategorie des natürlichen Übels. Aber wo kommen sie her? Und wie kann ein guter Gott sie zulassen?

Im Gegensatz zu Hollywood-Bösewichten, die einfach in sich selbst böse sind, unabhängig von ihrem Umfeld, gibt es bei Viren noch ein weiteres klitzekleines Problem, selbst wenn wir unser Verhalten außer Acht lassen. Denn in Kapitel drei haben wir gesehen, dass wir die ausgelöste Krankheit nicht immer nur dem Virus in die Schuhe schieben können. Viele Symptome sind das Ergebnis eines aktiven Immunsystems. Fieber, Husten oder eine laufende Nase. Auch bei COVID-19 haben wir gesehen, wie Unterschiede in der Immunreaktion den Krankheitsverlauf und das Risiko des Einzelnen auf einen schweren Verlauf beeinflussen. Als Gegenbeispiel sehen wir Fledermäuse, die durch Unterschiede in ihrem Immunsystem viele Viren, die bei uns schwere Krankheitsverläufe auslösen, sang- und klanglos ertragen, ohne Symptome zu entwickeln.

Mit all diesen Abstrichen können wir Viren zwar schon als natürliches Übel einordnen, müssen dann aber zumindest anerkennen, dass ein Teil dessen, was sie zu einem Übel (für uns Menschen) macht, unsere eigene biologische Reaktion und Verletzlichkeit ist. Alles andere wäre zu einfach gedacht. Wenn wir das jetzt mit unserer biologischen Brille betrachten, gibt es vermutlich nicht mehr viel zu diskutieren. Leid und Tod sind Teil des natürlichen Prozesses, durch den die verschiedenen Arten entstanden sind. Individuelle Entscheidungen haben ihren Beitrag geleistet, und wer sich biologisch nicht schnell genug an einen bestimmten Druck, wie zum Beispiel Viren, angepasst hat, verschwindet eben wieder.

Spricht das jetzt gegen Gott? Nicht wirklich. Nur weil etwas ohne Gott stimmig ist, heißt das ja nicht, wie wir in Kapitel zwei gesehen haben, dass es Gott nicht gibt. Aber es heißt, dass wir darüber nachdenken müssen, wie wir über Gott und das Leid denken.

Ursache und Ursprung des Übels

Egal, wie sehr wir den Nutzen von Übel betonen, es hinterlässt trotzdem einen faden Beigeschmack. Und auch wenn unsere Erklärungen biologisch stimmig sind, sehnen wir uns danach, mit einem Verantwortlichen zu sprechen und Antworten auf die Frage nach dem Warum zu bekommen. Leider gehören die Antworten auf die Frage nach dem Warum, wenn es um natürliches Übel geht, zu den unbefriedigerenden. Das sieht man schon alleine daran, dass es theologisch sehr viele, sehr unterschiedliche Ansätze gibt.

Ein oft diskutierter Ansatz ist dieser: Das gesamte Übel dieser Welt ist dadurch entstanden, dass der Mensch frei entscheiden durfte, ob er mit oder ohne Gott leben wollte, und sich gegen Gott entschieden hat. Seitdem lebt er in der Konsequenz seiner eigenen, ständig zu kurzfristig gedachten und manchmal auch egoistischen Entscheidungen. Gott kommt dabei gut weg, weil er uns Freiheit gegeben hat und wir uns für das Übel entschieden haben. In diesem sogenannten Sündenfall-Szenario bleibt Gott liebend und die Welt, die er geschaffen hat, »sehr gut«.

Die Schwierigkeit ist, dass das zwar ganz hervorragend für das moralische Übel denkbar ist, aber eben nicht zwingend für das natürliche Übel. Denn warum sollte der Mensch mit seiner Entscheidung die Entstehung von tektonischen Platten verursacht haben, die dann zu Erdbeben und Tsunamis führen? Und warum sollten durch diese Entscheidung Viren entstanden sein? Oder warum haben all diese Dinge erst nach dem Sündenfall Probleme verursacht? Wir wissen ja aus der Biologie, dass es all diese Dinge schon lange vor dem Menschen gab. Das ist also für alle Arten von natürlichem Übel ein sehr unwahrscheinliches Szenario.

Es gibt deshalb auch Theologen, die davon ausgehen, dass es vor dem Sündenfall des Menschen eine Art kosmischen Sündenfall gab, durch den die Welt in Schieflage geraten ist. Je nach Theologe werden dafür entweder eine bewusste Rebellion der Engel oder irgendwie anders geartete Einflüsse verantwortlich gemacht. Gott wäre in diesem Szenario nicht Urheber des Übels.

Allerdings gibt es biblisch gesehen eigentlich keine belastbare Beschreibung eines kosmischen Falls, obwohl manche die Existenz der Schlange im Paradies als Hinweis dafür sehen. Außerdem ist es schwierig, zum Beispiel Viren als das Ergebnis eines kosmischen Falls zu beschreiben. Denn das würde bedeuten, dass alles, was durch einen evolutionären Prozess entstanden ist, also letztlich auch alle Lebewesen, durch Sünde entstanden wäre. Das ist theologisch meiner Meinung nach nicht vertretbar und ebenso wenig mit der Aussage, dass die Welt »sehr gut« ist, vereinbar. Denn sie beschreibt die Welt nach der Ankunft komplexer mehrzelliger Lebewesen.

Von einigen Kreationisten gibt es den Vorschlag, dass Viren vor und nach dem Sündenfall anders geartet gewesen seien. Dass Gott also Viren zum Beispiel als eine Art kleine Roboter geschaffen habe, die lebensspendende genetische Information von einer Zelle zur anderen transportierten. Nach dem Fall habe das einmal gut ausbalancierte System dann zu versagen begonnen. Bryan Thomas, wissenschaftlicher Schreiber am Institut für Schöpfungsforschung in Dallas, Texas, argumentiert, dass wir Menschen Viren für gute Zwecke nutzen können, wie wir auch in diesem Buch in Kapitel sieben gesehen haben. Das sollte dann ja auch für Gott kein Problem sein.

So verlockend dieser Ansatz klingt, ist auch er schwer belegbar. Zugegebenermaßen können wir uns eine Welt vor dem Sündenfall aber auch nicht vorstellen. Andererseits ist das Hauptmerkmal von Viren ihre Fähigkeit, sich zu vervielfältigen, und es ist schwer vorstellbar, wie das nur mit Vorteilen, aber ohne Nachteile vonstattengehen soll. Zumal es ja auch nicht nur das Virus ist, das dafür verantwortlich ist, ob und wie krank wir werden. Unter Umständen wäre dieser Ansatz vielleicht noch haltbar, wenn man nur auf den Menschen schaut. Aber, wie schon mehrfach gesagt, sind wir nicht alleine auf diesem Planeten, sondern eng verbunden und vernetzt mit allen anderen Ökosystemen. Gerade auch durch Viren. Was sich als vorteilhaft für ein Individuum oder sogar eine ganze Art herausstellt, muss nicht zwingend auch vorteilhaft für alle anderen sein.

Ansätze innerhalb der Prozesstheologie, also einer Strömung, die die Welt als sich veränderndes Gebilde sieht (und deshalb mit der Evolutionstheorie denkt), gehen davon aus, dass das Übel von vornherein Teil der von Gott geschaffenen Welt ist. Das Übel sei Teil des evolutionären Prozesses und ermögliche es den verschiedenen Ökosystemen und Arten, sich frei zu entwickeln. Was uns dabei negativ aufstößt, ist, dass das Übel dann direkt von Gott geschaffen wurde.

Verfechter dieses Ansatzes sind sich dieses Problems bewusst, glauben aber, dass die Freiheit innerhalb des evolutionären Prozesses ein Gewinn ist, der das Leid, das im Prozess entsteht, überwiegt. Der kürzlich verstorbene Physiker und Theologe John Polkinghorne etwa war ein Vertreter dieser Theorie.

Ein ganz ähnlicher Ansatz, der als *Only-Way-Argument* (deutsch: Begründung des einzigen Weges) bekannt geworden ist, erkennt an, dass die positiven Werte, die wir feiern, und das Leid, das wir betrauern, durch die gleichen Prozesse entstehen. Freud und Leid kommen also quasi als Paket. Ohne das Leid gäbe es somit keine Entwicklung und keine biologischen Werte. Dieser Ansatz erkennt das Drama von Leid an, das die gesamte Schöpfung durchzieht, aber regt an, dass das womöglich der einzige (oder beste?) Weg war, wahrhaftige Freiheit, Vielfalt und Schönheit für Geschöpfe zu ermöglichen.

Auch dieser Ansatz ist allerdings problematisch, weil er gewaltsam ist und das Gottes Güte und Liebe zu widersprechen scheint. Intuitiv widerspricht das auch unserer Definition von Gut, wenn es am Ende des Schöpfungsberichts heißt, dass die gesamte Schöpfung »sehr gut« sei. Manche Anhänger dieser Theorie hinterfragen außerdem, ob die gewonnene Freiheit in diesem Prozess das entstandene Leid wirklich aufwiegen kann.

Der Theologe Christopher Southgate schlägt deshalb vor, dass nicht nur die Freiheit das Leid aufwiege, sondern auch die daraus entstehenden Werte wie Bewusstsein, Intelligenz und persönliches Gedeihen. Obwohl er ein Vertreter dieses Ansatzes ist, sieht er ihn nur als einen guten Startpunkt für die Diskussion. Denn der Ansatz kommt schnell an seine Grenzen. Was es seiner Meinung nach braucht, ist, den Ansatz mit anderen Elementen zu kombinieren. Eines dieser möglichen Elemente ist der mitleidende Gott, den wir in Kapitel vier betrachtet haben. Oder die Hoffnung auf Wiederherstellung, über die wir in Kapitel sechs nachgedacht haben. So kompliziert es das für uns macht, heißt das, dass wir über das Übel in der Welt nur dann wirklich nachdenken können, wenn wir die anderen biblischen Wahrheiten einbeziehen. Erst als Ganzes scheinen sie Sinn zu machen. Southgate bezeichnet seinen Ansatz – den übrigens auch der Biochemiker und Theologe Arthur Peacocke schon hatte – als zusammengesetzte Theodizee *(Compound Theodicy)*.

Kritiker stellen bei diesen Ansätzen natürlich infrage, ob ein evolutionärer Prozess überhaupt nötig gewesen wäre, um Lebewesen mit einem freien Willen zu bekommen. Gott hätte uns ja auch direkt mit all diesen Werten schaffen können. Wer sich dafür interessiert, kann bei dem Theologen Mats Wahlberg, einem Vertreter dieser Kritik, weiterlesen.

Und was jetzt?

Wenn du dich jetzt ein bisschen ratlos zurückgelassen fühlst, bist du in guter Gesellschaft. Die Frage nach dem Ursprung des Bösen werden wir vermutlich nie bis ins Letzte beantworten können. Auch die Bibel lässt so manche Frage im Raum stehen. Vielleicht ganz bewusst. Trotzdem ist es für mich eine wertvolle Erfahrung, diese Frage immer mal wieder zu durchdenken. Ich glaube, das ist wichtig, weil es uns daran erinnert, wie real Leid ist, und weil es uns davon abhält, uns innerlich über das Leid anderer zu erheben. Wir sind Teil einer Welt, die leidet, und wir müssen lernen, dieses Leid mit anderen zusammen auszuhalten und anzugehen.

Aber es ist auch wichtig, dass wir für uns persönlich der Frage nachspüren, wie wir das Leid der Welt mit einem Gott, der liebt, in Einklang bringen. Im Zweifelsfall lernen wir hier, wie begrenzt unser Verständnis für das große Ganze ist und wie sehr wir es nötig haben, auf Jesus Christus und den mitleidenden Gott zu schauen.

Was heißt das nun in Bezug auf Viren? Das Leid, das sie verursachen, ist real. Aber das macht sie nicht per se zum Bösewicht. Viren zeigen, wie groß die subjektive Komponente von natürlichem Übel ist. Sie zeigen auch, dass es Verbindungen zwischen moralischem und natürlichem Übel gibt, und hinterfragen unseren Lebensstil. Was denkt Gott über Viren? Ich kann nur vermuten, dass es ihm ein bisschen geht wie uns: Er freut sich über die Schönheit, die sie hervorgebracht haben, und über die beeindruckenden Tricks, die sie draufhaben. Und er weint mit den Betroffenen über das Leid, das Viren verursachen.

Gedanken fürs Reisetagebuch

In diesem Kapitel haben wir gesehen, wie schwierig es ist, Gut und Böse zu definieren. Und noch schwieriger, zu sagen, wie Gott zu dem steht, was wir landläufig als natürliches Übel bezeichnen. Dazu gibt es verschiedene Meinungen, und wenn man ehrlich ist, sind vermutlich alle davon unzulänglich. Das mag sich unbefriedigend anfühlen. Andererseits wissen wir, dass denselben Gott das Leid nicht kaltlässt, er es am eigenen Leib erfahren und Erlösung versprochen hat. Auch wenn wir nicht wissen, wie Erlösung für unseren Planeten als solchen aussehen soll oder kann, wissen wir, dass wir Hoffnung haben auf eine neue Erde und einen neuen Himmel. Als letzte Etappen unserer Reise wollen wir im nächsten Kapitel noch einmal auf uns Menschen schauen, wie wir durch Viren geprägt wurden, und dann im zehnten Kapitel darüber nachdenken, was das mit unserer Identität zu tun hat.

Kapitel 9

Die Viren und wir

Das Interessante am Leben sind ja oft die Begegnungen mit Menschen. Da gibt es Begegnungen, bei denen man miteinander lacht, andere, bei denen man sich aufregt, manchmal auch welche, die man sich lieber erspart hätte. Begegnungen mit Menschen prägen und wir alle haben unterschiedlichste Erfahrungen mit Menschen in unserer Biografie, die maßgeblich daran beteiligt waren, uns zu denen zu machen, die wir heute sind. In vielen Fällen hoffentlich durch positive, ermutigende Begegnungen. Manchmal aber vielleicht auch durch Begegnungen, die uns verletzt, Wege versperrt und uns die Freiheit genommen haben, bestimmte Entscheidungen zu treffen.

Die Wahrheit ist aber auch, dass es auch immer darauf ankommt, wie wir mit den negativen wie auch positiven Begegnungen umgehen. Albert Camus soll einmal gesagt haben, dass das Leben letztlich die Summe all unserer Entscheidungen sei. Ich wage zu behaupten, dass sowohl unsere Umstände als auch unsere Entscheidungen und wie wir mit ihnen umgehen uns zu denen machen, die wir sind.

In diesem Kapitel wollen wir uns anschauen, wie die Begegnungen mit Viren uns als Menschen geprägt haben und immer noch prägen. Das hängt auch zu einem Teil davon ab, wie wir auf biologischer Ebene mit ihnen umgegangen sind.

Was gedacht ist, bleibt

Ich kann mich nicht an viele Viruserkrankungen aus meiner Kindheit erinnern, aber ich weiß noch gut, wie furchtbar die Windpocken gejuckt haben und dass ich nicht kratzen durfte, weil das sonst Narben gab. Ich kann mich auch noch an eine Reihe von Magen-Darm-Erkrankungen erinnern, bei denen es mir erlaubt war, völlig außer der Reihe Cola zu trinken und Salzstangen zu essen, während ich am helllichten Tag im Wohnzimmer auf der Couch lag und fernsehen durfte. Und ich kann mich an die Ringelröteln erinnern, die mich leider im Februar überrascht haben, sodass ich nicht zum Kinderfasching durfte. Wir erinnern uns vermutlich alle an das ein oder andere Virus, das uns einen Strich durch die Rechnung gemacht hat oder einfach sehr unangenehm war.

Das Interessante ist, dass sich auch unser Immunsystem an die Infektionen aus unserer Kindheit erinnert. Wie in Kapitel drei besprochen, bildet unser erworbenes Immunsystem ein Gedächtnis aus. Eine zweite Infektion mit dem gleichen Erreger können wir durch dieses Vorwissen viel schneller und effektiver in den Griff bekommen.

Was ich in Kapitel drei allerdings nicht erwähnt habe, ist, dass so ein Gedächtnis manchmal auch so seine Schattenseiten hat. In Friedrich Dürrenmatts Drama *Die Physiker* fällt der Satz, dass nicht mehr zurückgenommen werden könne, was einmal gedacht worden sei. Er bezieht sich dort auf die Entdeckung der Weltformel. Aber auch in weniger dramatischen Alltagssituationen merken wir, dass es manchmal schwierig ist, etwas, das wir bereits gedacht haben, wieder zurückzunehmen. Insbesondere bei sehr emotionalen Gedanken ist es schwer, sich davon zu lösen. Dazu gehören Ängste, Vorurteile, aber auch negative Erfahrungen. Erfahrungen aus der Kindheit prägen unsere Gedanken und unser Verhalten oft ein Leben lang.

Ganz ähnlich kann es da unserem Immunsystem gehen. Für einzelne Viren, wie die Grippeviren oder das Dengue-Virus, ist inzwischen bekannt, dass die erste Begegnung mit dem Virus unser Immunsystem ein Leben lang prägt. Die Immunreaktion gegen unser erstes Grippevirus beeinflusst zum Beispiel alle weiteren Antworten unseres Immunsystems gegen Grippeviren. Für den Rest unseres Lebens. Das Immunsystem wird bevorzugt immer Antikörper bilden, die es schon von der ursprünglichen Virusinfektion her kennt. Im schlechtesten Fall helfen diese Antikörper bei einer anderen Variante des Grippevirus nicht oder nur unzureichend, während Antikörper, die besser binden könnten, nur in geringen Mengen gebildet werden.

Diese wissenschaftliche Entdeckung wurde, angelehnt an das theologische Konzept von der Erbsünde, Antigenerbsünde *(Original Antigenic Sin)* genannt. Im Fall von Dengue-Viren führt das immunologische Gedächtnis sogar dazu, dass die zweite Infektion in aller Regel deutlich schwerer verläuft, wenn sie von einem der anderen drei zirkulierenden Subtypen ausgelöst wird. Sind die neutralisierenden Antikörper, die eigentlich hemmend wirken, unzureichend, helfen sie dem Virus nämlich, Zellen zu infizieren und sich schneller zu vermehren. Das ist einer der Gründe, die die Entwicklung eines Impfstoffs gegen das Dengue-Virus schwierig gestalten. Genauso, wie uns manche Menschen dank schlechter Vorerfahrungen plötzlich deutlich schneller auf die Palme bringen können als andere, kann es auch sein, dass wir auf bestimmte Viren unterschiedlich stark reagieren. Je nachdem, welche immunologische Vorerfahrung wir in unserem Leben schon gemacht haben.

Dann gibt es aber auch gegenteilige Fälle, in denen etwa ein neu auftretendes Grippevirus plötzlich bei Menschen mittleren Alters zu deutlich schwereren Verläufen führt als bei Älteren. Das haben wir 2009 im Rahmen der Schweinegrippe gesehen. Denn Menschen ab einem gewissen Alter hatten noch Vorerfahrungen mit dem Virus, das einst die Spanische Grippe ausgelöst hatte. In anderen Fällen ist es weniger ersichtlich, warum eine bestimmte Infektion in einem Einzelfall plötzlich einen besonders schweren oder harmlosen Verlauf nimmt, oder eine Impfung deutlich besser oder schlechter anschlägt. Aber unser Immunologisches Gedächtnis ist sicherlich oft Teil der Ursache.

Upcycling von altem Plunder

Wir haben gesehen, dass uns manche Viren ein Leben lang erhalten bleiben. Herpesviren verstecken sich in unseren Zellen und reaktivieren plötzlich. Das kann sehr unangenehm sein. Während das Herpes-Simplex-Virus zu Lippenbläschen führt, löst das Varizella-Zoster-Virus zunächst Windpocken aus. Wenn es zu einem späteren Zeitpunkt wieder aktiviert wird, bekommt man eine Gürtelrose. Chronische Hepatitis-B- oder -C-Viren können langfristig die Leber zerstören und sogar zu Krebs führen. HIV schwächt das Immunsystem und löst ohne medikamentöse Behandlung früher oder später Aids aus.

Es gibt aber auch Viren, die uns schon unser ganzes Leben lang begleiten, ohne dass uns das lange bewusst war. Zugegebenermaßen sind das in fast allen Fällen nur noch die Überbleibsel von Viren und nicht mehr die Originale. Sie können also nicht mehr aktiv andere

Menschen um uns herum infizieren. Trotzdem haben sie einen größeren Einfluss auf uns, als uns oft klar ist.

Im Laufe der Menschheitsgeschichte wurden wir immer wieder von Viren infiziert. Einige dieser Virusfamilien bauen ihr Erbgut in unseres ein, so wie auch HIV das tut. Bauen sie ihr Erbgut in die DNA von Spermien oder Eizellen ein, werden sie in dieser Form über Generationen hinweg weitervererbt. In unserem Erbgut befinden sich also durch Viren mitgebrachte DNA-Abschnitte, die sich dort über die gesamte Menschheitsgeschichte hinweg angesammelt haben.

Der Großteil davon begleitet uns vermutlich sogar schon länger. Nämlich vermutlich seit mehr als fünfundzwanzig Millionen Jahren. Also bevor der Mensch wirklich Mensch war. Erst durch die Sequenzierung des kompletten menschlichen Erbguts wurde das Ausmaß dieser Vererbung bekannt. Wir wissen heute, dass mehr als vierzig Prozent des menschlichen Erbguts aus sogenannten endogenen Retroelementen bestehen, das sind Elemente aus der Familie der Retroviren, die vermutlich vor langer Zeit im Zuge sehr vieler Infektionen eingebaut wurden. Das ist nicht nur ein überraschend hoher Prozentsatz, sondern regt natürlich auch die Frage an, was das mit unserem Erbgut so macht. Sind das bloße Erinnerungsstücke, die dort sitzen und verstauben? So wie über Jahrzehnte angesammelter Kram, der auf unseren Dachböden und in Kellerräumen lagert?

Ein Trend, der sich besonders in den letzten Jahren wieder stärker verbreitet, ist das sogenannte Upcycling. Dabei werden achtlos weggeworfene Gegenstände, also solche, die sich im erwähnten Dachboden oder Keller angesammelt haben, neu aufgearbeitet und können dadurch wiederverwertet werden. Vielen geht es dabei darum, Rohstoffe zu recyceln oder ursprünglich liebevoll hergestellten Gegenständen wieder Raum zu geben. Für manche ist es vielleicht auch einfach ein Einrichtungs-Statement. Auf Flohmärkten feilschen Samstag für Samstag Hobby-Upcycler um neue Schätze. Der alles entscheidende Schritt dabei ist, eine Vision dafür zu entwickeln, wozu man den etwas schäbig aussehenden oder funktionell eingeschränkten Gegenstand einsetzen könnte.

Es sollte nicht überraschen, dass auch unsere Zellen sehr genau darauf achten müssen, Rohstoffe nicht zu verschwenden. Das ist natürlich keine bewusste Entscheidung um des eigenen Lifestyles willen, sondern eine überlebenswichtige Grundsätzlichkeit. Ebenso wenig sollte daher überraschen, dass Virologen inzwischen Beispiele dafür gefunden haben, wie Zellen Material, das Viren hinterlassen haben, recyceln.

Ein sehr bekanntes Beispiel ist ein Protein, das Syncytin-1 heißt. Es ist eines dieser vielen endogenen Retroelemente, die im menschlichen Erbgut gelandet sind. Dort ist es aber nicht versauert, sondern wurde von unseren Zellen sozusagen gezähmt, um für eigene Zwecke verwendet werden zu können. Ähnliche Proteine können heute noch in Retroviren wie HIV gefunden werden, aber auch im Ebola-Virus. Verwandte Proteine gibt es auch in anderen Säugetieren, die durch Infektionen zu unterschiedlichen Zeitpunkten im Erbgut zurückgeblieben sind.

Im Fall des Syncytin-1 wird angenommen, dass die ursprüngliche Infektion, durch die dieses Protein in unserem Erbgut gelandet ist, schon vor über fünfundzwanzig Millionen Jahren stattgefunden hat. Im Virus war dieses Protein dafür zuständig, dass das Virus mit der Zelle verschmelzen konnte. In unseren Zellen kann es für die Fusion von zwei Zellen verwendet werden. Besondere Bedeutung kommt ihm in der Entwicklung der Plazenta zu. Durch das Syncytin können zwei verschiedene Zelllagen miteinander verschmelzen und bilden so die Barriere zwischen dem Blut der Mutter und des ungeborenen Kindes, durch die Nährstoffe ausgetauscht werden. Zu geringe Mengen an Syncytin können zur Entwicklung einer Schwangerschaftsvergiftung führen.

URSPRÜNGLICHE FUNKTION: FUSION DES VIRUS MIT DER ZELLE

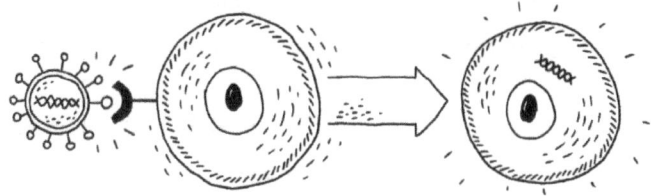

RECYCELTE FUNKTION: ZELL-ZELL-FUSION

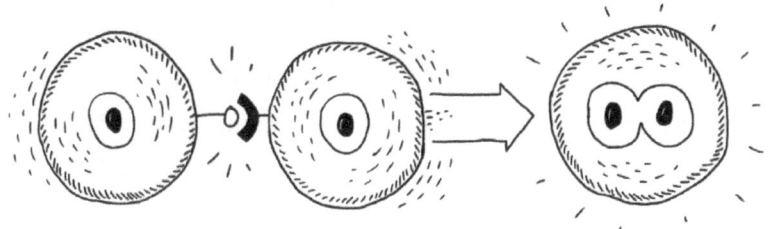

Ferngesteuert

Man kann heutzutage eine ganze Menge per Knopfdruck erledigen. Als Kind war ich noch völlig fasziniert davon, dass man ein kleines Auto per Fernsteuerung fast die gesamte Straße entlang lenken konnte. Später habe ich mich daran gewöhnt, dass es Jalousien und Autoscheiben gibt, die man ferngesteuert hoch- und runterfahren kann. Ich habe die Leute mit Standheizung im Auto beneidet, die man schon im Haus anschalten konnte, um im Winter nicht am Sitz festzufrieren. In der Adventszeit sind Zeitschaltuhren im Einsatz, wenn es darum geht, Außenbeleuchtungen in Szene zu setzen.

Auch in unseren Zellen gibt es Systeme, die bestimmte Aktivitäten in der Zelle zwar nicht auf Knopfdruck an- und ausschalten, aber die die An- und Ausschaltbarkeit regulieren. Zellen müssen sich ja ständig verändernden Bedingungen anpassen, Energie speichern und verbrauchen, Rohstoffe zu Endprodukten verarbeiten, mit Nachbarzellen kommunizieren oder sich gegen eine Infektion wehren. All diese Vorgänge müssen streng reguliert werden, damit sie nicht zu chaotischen Zuständen führen.

Nach der kompletten Sequenzierung des menschlichen Erbguts war die Wissenschaft sehr überrascht davon, dass das, was wir als Gene bezeichnen, nur knapp ein Drittel unseres Erbguts ausmacht. Und in diesen Abschnitten sind auch die meisten Sequenzen nicht kodierend, das heißt, der Code wird nicht direkt in ein Protein übersetzt, das dann eine konkrete Funktion in der Zelle ausfüllen kann. Dieser scheinbar nutzlose Code sitzt vielmehr mitten in den Genen und unterbricht die kodierenden Abschnitte immer mal wieder. Diese nichtkodierenden Sequenzen wurden daher zunächst als DNA-Schrott (junk DNA) bezeichnet.

Allerdings musste diese Ansicht ziemlich schnell wieder überarbeitet werden. Obwohl noch lange nicht klar ist, wozu all diese Abschnitte gut sind, ist sicher: Sie enthalten sehr viele steuernde Elemente. Von daher macht vielleicht gerade dieser vermeintliche Schrott uns zu dem, was wir als Menschen sind. Doch auch das mag wieder zu kurz gedacht sein: Eine Zwiebel hat nämlich ungefähr fünfmal so viele nichtkodierende Sequenzen in ihrem Erbgut wie wir. Festhalten kann man sicher, dass diese Abschnitte im Erbgut viele wichtige steuernde Funktionen erfüllen, die wir erst noch entdecken müssen.

Was hat all das nun mit unseren Viren zu tun? Wie schon gesagt, besteht knapp die Hälfte unseres Erbguts aus Abschnitten, die ursprünglich mal zu einem Virus gehörten. Diese können die Eigenschaft haben, sich entweder selbst kopieren zu können oder kopiert zu werden. Solch eine Kopie wird dann an anderer Stelle im Erbgut eingebaut. Daher kommt ihr Name: Transposon. Denn diese Sequenzen transponieren, springen also.

Wie wir schon zu Beginn des Buches gesehen haben, müssen Viren sehr optimiert arbeiten und haben auch nicht unendlich viel Speicherplatz. Sie haben daher eine ganze Reihe von Abschnitten, die mitbestimmen, was wann wie abgelesen wird und in welchen Kombinationen. Auch die Abschnitte, die sie in unserem Erbgut hinterlassen haben, funktionieren so. Für viele von ihnen sind inzwischen schon Funktionen gefunden worden.

Manche wirken verstärkend, andere abschwächend auf die Produktion eines bestimmten Proteins. Diese eingebauten Abschnitte können viele wichtige Funktionen in unseren Zellen erfüllen und steuern, wie viel von welchem Produkt in der Zelle zur Verfügung steht. Es wird auch spekuliert, dass das eben erwähnte Springen ermöglicht hat, viele verschiedene Gene quasi als Sets steuern zu lassen. So könnte ein und dasselbe Motiv an verschiedenen Stellen in unser Erbgut gelangt sein und jetzt an mehreren Orten gleichzeitig dieselbe Funktion ausführen, sodass unterschiedliche Prozesse gleichzeitig aktiviert werden.

Das würde bedeuten, dass die Virussequenzen und ihre Eigenschaften es möglich gemacht haben, sozusagen Netzwerke verschiedener Proteine zu bilden, die als Gruppe durch ein einziges Signal gesteuert werden können. Fast wie bei einer Fernbedienung, mit der man mit einem einzigen Knopfdruck sowohl die Jalousien herunterfahren, die Deckenbeleuchtung anschalten, die Haustür verriegeln und die Heizdecke im Bett vorheizen kann, sobald man abends von der Arbeit kommt. Die Zelle könnte so ihren Haushalt flexibel an bestimmte Szenarien anpassen. Zukünftige Forschung in der Virologie und Genetik werden uns auf diesem Gebiet mit Sicherheit noch mit vielen spannenden Entdeckungen überraschen.

Pass auf, wo du hinspringst

Wie die meisten Kinder bin auch ich drinnen und draußen viel herumgesprungen. Da musste ich mir oft anhören: Pass auf, wo du hinspringst. Eine gut gemeinte Warnung vor einer ganzen Reihe von Gefahren wie tiefen Pfützen, holprigem Gelände oder unnachgiebigen Betonplatten, auf denen man sich blutige Knie holen kann. Eltern geht es dabei zuerst um den Schutz des eigenen Nachwuchses. Aber wer weiß, wie viele Käfer, Regenwürmer, Grashalme und andere Pflanzen dadurch passiv mitgeschützt wurden, weil ich nicht auf sie draufgesprungen bin.

Ganz ähnlich, wie ich als Kind ein Risiko für Käfer und Co. dargestellt habe, kann natürlich auch das Springen von Abschnitten im Erbgut nicht nur Chance, sondern auch Risiko sein. Je nachdem, wohin eine Sequenz springt, kann sie dort auch Schaden anrichten. Je nachdem, wo sie sich einbaut, kann sie eine Funktion oder sogar ein ganzes Gen zerstören. Und je nachdem, welches Gen es erwischt, hat das unter Umständen dramatische Auswirkungen auf die Funktion, die dieses Gen eigentlich ausführen soll. Im schlimmsten Fall wird ein lebensnotwendiger Prozess gestört. Gelangt diese Veränderung dann in das Erbgut von Spermium oder Eizelle, kann sich das dann auch auf den entstehenden Menschen auswirken. Das zerstörte Gen kann so zu schwerwiegenden Erkrankungen oder sogar zum Tod führen.

Die gute Nachricht ist, dass die allermeisten dieser Sequenzen inzwischen nicht mehr aktiv sind und nicht mehr wie wild durch unser Erbgut springen können. Sie wurden im Menschen im wahrsten Sinne des Wortes stillgelegt. Wir müssen also nicht ständig in der Angst leben, dass plötzlich eines unserer Gene durch so eine springende Sequenz zerstört wird. Und selbst wenn, betrifft das zunächst einmal nur eine bestimmte Zelle. Falls der Sprung also negative Auswirkungen hatte, kann der Gesamtorganismus das in aller Regel ausbügeln. Diese springenden Elemente sind also für den einzelnen Menschen so gut wie bedeutungslos, für uns als Gesamtheit aber sehr interessant. Denn all diese springenden Elemente, die keine oder sogar positive Auswirkungen auf bestimmte Prozesse hatten, als sie sich neu integrierten, haben sich in unserem Erbgut etabliert. Und wir können jetzt profitieren.

Es gibt noch viele weitere Beispiele, die wir nicht alle im Detail anschauen können. Wir können aber insgesamt festhalten, dass jede neue Integration auch viele Möglichkeiten geschaffen hat, mit einer immer gleichbleibenden Menge an Genen, die uns zur Verfügung stehen, die Vielfalt und Komplexität der Abläufe in unseren Zellen zu vergrößern. Gene können durch eine dieser Einfügungen zum Beispiel auch zu Proteinen führen, die – ähnlich wie bei Lego – in unterschiedlichen Zusammensetzungen gebaut werden, mal in längeren oder kürzeren Formen oder mit extra Features.

Diese Vielfalt, in der sich die hineingesprungenen Sequenzen auf einzelne Gene auswirken, könnte einer der Gründe sein, warum der

Mensch ein ganzes Stück komplexer ist als eine Fliege, obwohl er fast die gleiche Anzahl an Genen hat.

Viren, deine Freunde und Helfer?

Wir haben in diesem Buch insgesamt drei verschiedene Mechanismen kennengelernt, über die Viren dazu beigetragen haben, dass unser Körper so funktioniert, wie er nun einmal funktioniert. Zum einen haben Viren Sequenzen für Proteine hinterlassen, die unsere Zellen zähmen und für eigene Zwecke nutzen konnten. Zum anderen haben sie regulatorische Sequenzen hinterlassen, die eine komplexe Koordination von Prozessen in der Zelle ermöglichen. Und drittens haben sich ständig verändernde Viren uns in unserer Entwicklung herausgefordert und Druck erzeugt, der viele Zellabläufe zu dem gemacht hat, was sie sind.

Insbesondere die Entwicklung unseres Immunsystems ist ein Bereich, in dem wir besonders anschaulich sehen können, wie diese verschiedenen Mechanismen zusammengewirkt haben. Deshalb hier noch mal drei Beispiele, wie unser Immunsystem sich Viren zunutze gemacht hat, um jetzt mit diesen Tricks wiederum Viren zu bekämpfen.

Rag1 und Rag2 sind, wie das Syncytin, Proteine, die uns vermutlich von einem Virus überlassen wurden. Beide arbeiten als Transposase, das sind Proteine, die das Springen von DNA-Sequenzen ermöglichen. Wie gerade erwähnt, kann dieses Springen durchaus negative Konsequenzen haben, aber Rag1 und Rag2 zeigen, dass die Eigenschaft, DNA-Sequenzen hin- und herschieben und neu verknüpfen zu können, auch von Vorteil sein kann. Denn unsere Zelle hat sich diese beiden Proteine zunutze gemacht.

Im Kapitel über das Immunsystem haben wir gesehen, dass eine gezielte Immunantwort gegen einen Erreger durch B- und T-Zellen gebildet wird. Diese müssen sich bei jeder einzelnen Infektion, die wir in unserem Leben durchmachen, ganz speziell auf diesen Erreger einschießen. Antikörper, die von den B-Zellen produziert werden, oder die Rezeptoren, mit denen eine T-Zelle den Erreger erkennt, müssen ganz spezifisch auf diesen Erreger abgestimmt sein. Was wir nicht im Detail besprochen haben, ist, wie B-Zellen theoretisch dazu in der Lage sind, Millionen von verschiedenen Antikörpern zu bilden. Und zwar immer genau die, die gerade gegen diesen einen Erreger helfen. Das ist deshalb erstaunlich, weil so eine Zelle ja nur etwa 30 000 Gene hat. Wie schafft es die Zelle, so eine große Vielfalt herzustellen? Die Antwort lautet: unter anderem durch Proteine wie Rag1 und Rag2.

Sowohl bei der Reifung der B- als auch der T-Zellen helfen sie, Sequenzen zu durchmischen und dadurch immer neue Kombinationen zu produzieren. Nur die B- und T-Zellen, die die richtige Kombination für eine spezifische Antwort gegen den Erreger mitbringen, sind erfolgreich. Rag1 und Rag2 sind also wesentlich daran beteiligt, dass wir nicht nur ein angeborenes (und damit unspezifisches) Immunsystem haben, sondern auch ein erworbenes und deshalb spezifisches. Durch sie ist es möglich, dass unsere B- und T-Zellen sowohl auf ein Grippevirus als auch auf ein Coronavirus die jeweils eigens abgestimmte und perfekt passende Antwort haben. Oder perfekt passende Antworten auf nur leicht voneinander abweichende Grippeviren. Rag1 und Rag2 helfen, Gene in den B- und T-Zellen so lange hin- und herzuschieben, bis alles perfekt auf den neuen Erreger passt.

Nicht nur hilfreiche Proteine sind vermutlich von Viren zu unserem Immunsystem beigesteuert worden, sondern womöglich auch die Fähigkeit, Immunantworten zu koordinieren. Es gibt Hinweise darauf, dass regulatorische Sequenzen von Viren als Verstärker für Signalwege eingesetzt werden können, die alle durch Interferon reguliert werden, also das Warnsignal, das wir als Teil der angeborenen Immunantwort im dritten Kapitel kennengelernt haben. Diese innovative Technik würde es ermöglichen, nach nur einem Signal koordiniert viele verschiedene Antworten gleichzeitig einzuleiten. Wie mit einer Fernbedienung löst das Interferon, das zum Beispiel wegen einer Infektion mit einem Erkältungsvirus produziert wird, aus, dass gleichzeitig Hunderte verschiedener Werkzeuge gegen das Virus schnell und in großen Mengen produziert werden. So kann die Infektion schnell eingedämmt werden. Viren lernen also nicht nur von unseren Antworten, sondern wir machen uns auch zunutze, was sie uns anbieten.

Ebenfalls im dritten Kapitel habe ich das Wettrüsten zwischen Erreger und Immunsystem erwähnt, also die ständige Weiterentwicklung unseres Immunsystems gegen den sich verändernden Krankheitserreger. Schaut man sich die Anzahl von Genen an, die für die Verteidigung gegen einen bestimmten Erreger zuständig sind, gilt manchmal auch das Motto: Viel hilft viel. Denn statt ständig ein bestimmtes Protein weiter zu verbessern, sobald sich der Erreger ändert, gibt es auch Fälle, in denen unsere Zellen im Erbgut einfach Sequenzkopien angefertigt haben. Dadurch werden mehrere Proteine, die alle an verschiedene Erreger angepasst werden können, produziert.

Ein Beispiel dafür sind Proteine, die APOBEC3 heißen. Sie wirken etwa gegen HIV, Herpesviren oder das Hepatitis-B-Virus. Nagetiere wie Mäuse haben nur ein Gen für APOBEC3, der Mensch hat sieben. Man geht davon aus, dass diese große Anzahl im Menschen entstanden ist, um gegen die vielen springenden Virussequenzen in seinem Erbgut anzukommen. Denn, wie bereits erwähnt, kann eine springende Sequenz schwerwiegenden Schaden anrichten, wenn sie an die falsche Stelle springt. So sind nun die meisten springenden Elemente in unserem Erbgut inzwischen stillgelegt. Ein positiver Nebeneffekt ist, dass wir die APOBEC3-Proteine auch nutzen können, um neue Virusinfektionen besser zu bekämpfen. Durch den Stress, den uns die vielen springenden Elemente einst gemacht haben, haben wir also ein paar Werkzeuge angeschafft, die wir immer noch fleißig nutzen können.

Gedanken fürs Reisetagebuch

Wir haben unsere Reise mit der Frage begonnen, was Viren eigentlich sind und wie sie uns krank machen, haben dann gesehen, wie Viren unseren Planeten als Ganzes geprägt haben, und in diesem Kapitel nun gelernt, wie viel auch wir Menschen den Viren zu verdanken haben. Zentrale Aspekte unserer eigenen Biologie haben ihren Ursprung im Virus. Obwohl wir in den vorigen Kapiteln der Evolution von Lebewesen immer mal wieder aus unterschiedlichen Perspektiven und Fragestellungen heraus begegnet sind, kam uns das Thema nie so nah wie hier. Was macht es mit uns und unserer Identität, wenn wir darüber nachdenken, dass auch wir, wie alle anderen Lebewesen, das Ergebnis einer biologischen Entwicklung sind? Dass womöglich Zufälle und das Recht des Stärkeren erheblich dazu beigetragen haben, dass es uns heute gibt? Und dass Krankheitserreger essenzielle Bausteine für unsere Körperfunktionen beigesteuert haben? Mit diesen Fragen wollen wir uns im letzten Kapitel auseinandersetzen.

Kapitel 10

Identitätskrise?

Wer bin ich? Und wenn ja, wie viele? In mehr oder weniger regelmäßigen Abständen lernen wir alle ja immer mal wieder neue Leute kennen und müssen uns vorstellen. Was sagst du dann über dich? Und was sagt das über dich aus? Nennst du Namen und Beruf? Im beruflichen Kontext bestimmt. Oder deinen Bildungsgrad? Auf einer privaten Feier erzählst du vielleicht, woher du den Gastgeber kennst. Je nach Kontext sind manchmal auch der Wohnort oder sogar unsere Nationalität gefragt.

Im letzten Kapitel haben wir gesehen, dass unser Erbgut zu einem hohen Prozentsatz aus Abschnitten besteht, die ursprünglich mal zu Viren gehörten. Die Entdeckung, dass viele dieser Virussequenzen zentrale Funktionen im Menschen ausführen, zeigt, dass Viren einen entscheidenden Beitrag dazu geleistet haben, uns zu dem zu machen, wer wir sind. Das mag erst mal erschreckend klingen. Wie geht es dir damit?

Diese Entdeckung zeigt auch, dass uns das evolutionär mit allen anderen Lebewesen auf diesem Planeten verbindet. Wir haben zwar in Kapitel sechs die besondere Rolle des Menschen betrachtet, dabei aber ein bisschen ausgeklammert, ob und inwiefern der evolutionäre Ursprung des Menschen ein Problem für unsere Identität ist, die Gott uns vermeintlich zuspricht. Sind wir doch nur das Zufallsprodukt einer Reihe von Virusinfektionen im Laufe der Entwicklung? Ein wandelnder Wirt für Krankheitserreger? In diesem Kapitel wollen wir deshalb darüber nachdenken, was uns als Mensch eigentlich ausmacht.

Ebenbild Gottes

Schon in Kapitel sechs haben wir uns diese Beschreibung aus dem Schöpfungsbericht angeschaut: »Dann sagte Gott: ›Jetzt wollen wir den Menschen machen, unser Ebenbild, das uns ähnlich ist. Er soll über die ganze Erde verfügen: über die Tiere im Meer, am Himmel und auf der Erde.‹ So schuf Gott den Menschen als sein Abbild, ja, als Gottes Ebenbild; und er schuf sie als Mann und Frau« (1. Mose 1,26-27).

Laut Bibel ist der Mensch also nach dem Bilde Gottes geschaffen. Ich habe hier zwei Fragen. Zum einen: Was heißt »geschaffen«? Bedeutet die Evolutionstheorie für uns denn nicht, dass wir nur ein Zufallsprodukt sind? Und zum anderen: Was genau macht mich zum Ebenbild Gottes? Was heißt das?

Fangen wir mit dem Ebenbild an. Was genau bedeutet Ebenbild? Das ist ja kein Wort, das wir im Alltag oft benutzen. Am ehesten hören wir es vielleicht, wenn andere Menschen zum Beispiel eine Ähnlichkeit zwischen uns und unseren Eltern bemerken. Niemand in meiner Familie ist sonderlich groß und ich sehe vermutlich meinen Geschwistern und Eltern auch in anderen Punkten ähnlich. Ich ähnle ihnen aber manchmal auch in meinem Wesen, meinen Interessen oder Fähigkeiten. Nicht umsonst wird in manchen Familien sogar der berufliche Werdegang »vererbt«, wenn Grundinteressen und Fähigkeiten über Generationen hinweg erhalten bleiben.

Was heißt das aber jetzt im Hinblick auf meine Ebenbildlichkeit mit Gott? Uns ist ja durchaus bewusst, dass wir uns in diversen Eigenschaften von Gott unterscheiden. Allein schon die Tatsache, dass wir aus einem Körper bestehen und Gott in aller Regel nicht, zeigt klar, dass unsere Ebenbildlichkeit begrenzt ist. Aber worin sind wir denn Gottes Ebenbild? Heißt es, dass wir, wie Gott, persönliche, vernünftige und moralische Wesen sind? Dass wir fähig sind, Beziehungen einzugehen, zu gestalten und Verantwortung darin zu übernehmen? Dass wir uns von unserem Verstand leiten lassen können, statt nur biologischen Trieben zu folgen? Logische Denkmuster erkennen, in größeren Zusammenhängen Entwicklungen vorantreiben? Langfristig statt kurzfristig denken, planen und organisieren? Unsere Ethik anhand allgemeingültiger Prinzipien hinterfragen? Zum Wohle aller statt nur in unserem eigenen Sinne handeln? Das sind mit Sicherheit einige der gängigen Interpretationen.

Andere Interpretationen gehen eher davon aus, dass unser Geist Ebenbild Gottes ist. Das ist für mich aber sehr schwer zu greifen. Wir zerlegen den Menschen ja gerne in die Bestandteile Körper, Seele und Geist. Diese Dreiteilung stammt aber eher aus der griechischen Denkweise und nicht aus der hebräischen Weltanschauung. Obwohl man alle drei Begriffe in der Bibel wiederfindet, werden Begriffe für Seele und Geist oft stellvertretend für den gesamten Menschen verwendet. Mit Geist ist also dann eher eine Art Kern des menschlichen Wesens gemeint.

Ein weiterer Erklärungsansatz nutzt ein Beispiel aus der Geschichte. Es war gängiges Konzept in der Antike, dass der König als Gottes Stellvertreter auf Erden handelte. Und es war auch gängige Praxis für einen König, an wichtigen Orten Statuen von sich aufzustellen, um seine Gegenwart zum Ausdruck zu bringen. Dieses Konzept von Ebenbildlichkeit unterscheidet sich von der biologischen Ebenbildlichkeit, in der ein Sohn etwa das Ebenbild seines Vaters ist. Es geht hier vielmehr um stellvertretenden Respekt, der dem Ebenbild aufgrund der Autorität des Herrschers zuteilwird. Respektlosigkeit gegenüber dem Menschen als Gottes geliebtem Geschöpf, seinem Ebenbild, wird damit direkt als Respektlosigkeit gegenüber Gott gewertet.

Am ehesten erinnert uns das vielleicht an die Verankerung der Würde des Menschen in unserer Verfassung. Der Mensch als Gottes Ebenbild hat eine Würde, die von keinem anderen Geschöpf infrage gestellt werden kann. Wichtig ist an dieser Stelle auch, dass die Ebenbildlichkeit im biblischen Text nicht dem einzelnen Menschen, sondern der Menschheit als Ganzem zugesprochen ist. Sie ist der Menschheit außerdem in der Gemeinschaft aus Mann und Frau zugesprochen.

Wir sehen also: Wenn wir schon nur den biblischen Text betrachten, gibt es viele verschiedene Auslegungen dafür, was die Ebenbildlichkeit für die Identität des Menschen tatsächlich bedeutet. Keine davon können wir naturwissenschaftlich bestätigen oder ausschließen. Denn dazu kann Naturwissenschaft keine Aussage machen. Nur weil wir biologisch wie alle anderen Lebewesen aussehen, heißt das nicht, dass wir von Gott nicht eine besondere Würde verliehen bekommen haben und er eine besondere Beziehung zu uns hat. Wie wir in Kapitel sechs aber schon gesehen haben, kann uns die Biologie helfen, die Verbindung zwischen uns und anderen Lebewesen bewusster wahrzunehmen und unsere Aufgabe auf der Erde zu reflektieren.

Der Fall Galileo Galilei

Kommen wir auf meine erste Frage zurück, auf die vermeintlich unterschiedlichen Aussagen von Naturwissenschaft und Bibel über die Identität des Menschen.

In den letzten Jahrhunderten gab es gleich mehrere naturwissenschaftliche Entdeckungen, die die Interpretation der Christen, wie Schöpfungsgeschichte und Ebenbildlichkeit Gottes zu verstehen seien, hinterfragt haben. Die erste größere Entdeckung, die so manchen Kirchenvertreter in eine Identitätskrise gestürzt hat, überrascht uns aus heutiger Perspektive vielleicht sogar. Denn die naturwissenschaftliche Realität ist normal für uns geworden. Ich erwähne sie dennoch, weil wir rückblickend von ihr lernen können. Sie kann uns Werkzeuge an die Hand geben, die uns helfen, mit vermeintlichen Konflikten zwischen Glaube und Naturwissenschaft in Zukunft besser umzugehen.

Bis zur Mitte des 16. Jahrhunderts war das vorherrschende Weltbild ein geozentrisches. Dieses besagt: Die Erde ist das Zentrum des Universums, um die sich alle weiteren Himmelskörper ausrichten. Kurz vor seinem Tod veröffentlichte dann jedoch Nikolaus Kopernikus sein Werk, in dem er ein heliozentrisches Weltbild beschrieb: Demnach ist die Erde ein Planet, der sich um die Sonne und gleichzeitig um die eigene Achse dreht. Sein Werk wurde zunächst einmal über einen längeren Zeitraum ignoriert und es kam erst gut fünfzig Jahre später zum Eklat, als Galileo Galilei mit seinen astronomischen Beobachtungen ebenfalls ein heliozentrisches Weltbild lehrte. Denn mit seinem Teleskop konnte er erstmals mehrere Monde des Jupiter sehen. Außerdem schlug er vor, dass die Gezeiten die Rotation der Erde belegten. Es kam zur gerichtlichen Auseinandersetzung mit der katholischen Kirche und zur Verurteilung Galileos.

So weit die geschichtlichen Fakten. Aber was genau war das Problem? Warum fühlen wir uns als Christen heute nicht mehr in unserem Glauben beleidigt, wenn uns die Astronauten von der ISS Fotos von der Erde auf ihrer Umlaufbahn schicken? Und was können wir daraus lernen?

Die erste überraschende Erkenntnis ist, dass die katholische Kirche zunächst mal überhaupt kein Problem mit dem heliozentrischen Weltbild hatte. 1514 hatte sie Kopernikus sogar zum Lateralkonzil für Kalenderreformen eingeladen. Seine Messungen waren einfach präziser als die gängigen und eine Abschrift seines Werkes *Von den Umdrehungen der himmlischen Kreise* wurde sogar Papst Paul III. gewidmet. Der Konflikt mit Galileo eskalierte erst, als dieser die Lücken seiner Theorie um das heliozentrische Weltbild nicht anerkennen wollte. Denn die gab es durchaus noch. Viele Wissenslücken, die erst viel später geschlossen werden konnten, sprachen rein wissenschaftlich sogar noch sehr lange gegen die Theorie. Ein Beispiel ist die Fixsternparallaxe, die erst 1838 gemessen wurde.

Papst Urban VIII. versicherte sogar, dass die Vorteile des Kopernikanischen Systems gerne diskutiert werden könnten, solange Galileo seine Theorie ehrlicherweise als Hypothese behandle. 1632 veröffentlichte Galileo allerdings (mit einer vermutlich illegal erworbenen Druckerlaubnis) ein Streitgespräch, in dem er Zweifler an seinem Weltbild als stumpfsinnige Mondkälber bezeichnete. Auch wenn sich seine Theorie später als richtig herausstellte, war das sicherlich kein kluger Schachzug und würde heute wohl als wissenschaftliches Fehlverhalten gewertet werden. Am Mythos vom armen Galileo, der von der bösen Kirche aufgrund naturwissenschaftlicher Beobachtungen wegen Ketzerei verurteilt wurde, ist die Kirche allerdings auch ein bisschen selbst schuld. Aus der Frustration heraus, dass ihre – berechtigte – Kritik nicht ernst genommen wurde, zitierten Vertreter sämtlicher Denominationen in den Folgejahren fleißig Bibelstellen, die das kopernikanische Weltbild angeblich widerlegten. Blöd nur, dass die Bibel dazu eigentlich keine Aussage macht! Das war also genauso wenig ein kluger Schachzug, der die Kluft zwischen Naturwissenschaft und Glaube unnötig vergrößert hat.

Als Fazit kann man also festhalten, dass das eigentliche Problem gar nicht die Beobachtung selbst war, sondern dass sowohl Kirche als auch Naturwissenschaft die Grenzen ihres Wissens übertreten haben. Die Naturwissenschaft konnte an ihren Begrenzungen arbeiten und ihre Theorie bestätigen. Die Bibel macht keine Aussage zum Aufbau unseres Universums. Deswegen stört es uns auch heute nicht in unserer Theologie, dass sich die Erde um die Sonne dreht. Außerdem ist die Identität des Menschen in der Bibel auch nicht daran gekoppelt, dass die Erde das Zentrum des Universums ist.

Was lernen wir daraus? Es scheint angebracht, den Dialog mit anderen Fachrichtungen in einer gesunden Demut zu führen. Ich würde mir wünschen, dass wir in dieser Haltung auch in Zukunft den Dialog zwischen Glaube und Naturwissenschaft weiterführen. Im Gespräch. Ohne gegenseitiges Verurteilen, aber in dem Wunsch, voneinander zu lernen.

Bis zum Ende dieses Buches können wir, so schwer es fällt, schon mal üben, eventuelle Spannungen einfach stehen zu lassen und über sie zu staunen, anstatt sie vorschnell in eine Übereinstimmung zu zwingen. Denn genauso wie mit dem heliozentrischen Weltbild könnte es uns in einigen Jahrzehnten mit der Evolutionstheorie gehen. Und es ist mit Sicherheit auch nicht das letzte Mal, dass uns die Naturwissenschaft spannende Erkenntnisse liefert, die uns etwas zeigen, was wir bisher zu einfach gedacht haben.

Streit um Darwin

Alles begann mit der Arbeit *Über die Entstehung der Arten*, die Charles Darwin am 24. November 1859 veröffentlichte. Das Buch zog sofort großes öffentliches Interesse auf sich und löste Diskussionen in vielen verschiedenen fachlichen Disziplinen aus. Unter Naturwissenschaftlern wurde der Evolutionsgedanke mehrheitlich schnell akzeptiert, weil er wissenschaftlich plausibler war als ein statisches Naturverständnis.

Das Prinzip der natürlichen Auslese als einzigen Mechanismus für die Entstehung neuer Arten wurde ursprünglich aber nur von einer Minderheit unterstützt. Auch die Frage nach der Vererbung erworbener Eigenschaften war sehr umstritten. Der Professor für Wissenschaft und Religion in Oxford, Alister McGrath, geht davon aus, dass anfangs der Widerstand unter den Naturwissenschaftlern sogar größer war als unter den Theologen. Gleichzeitig verschwammen in der Diskussion um das Buch aber auch sehr schnell die Grenzen zwischen Biologie, Ideologie und sozialen sowie religiösen Auswirkungen. Ideologien hinter Darwins Theorie wurden in den Folgejahren zum Beispiel als Argument gegen das Eingreifen der Regierung in wirtschaftliche Angelegenheiten, wie etwa die Unterstützung von Armen, genutzt. Oder sogar als Begründung für die Vorstellung, dass bestimmte Nationen anderen überlegen seien.

Obwohl Darwin seine Beobachtungen aus dem Tierreich nur sehr vorsichtig auf den Menschen übertragen hatte, war es im Wesentlichen die Frage nach dem Ursprung des Menschen, die eine hitzige Debatte auslöste. Bis heute berühmt ist der Streit zwischen dem Biologen Thomas Henry Huxley und Samuel Wilberforce, dem Bischof von Oxford, am 30. Juni 1860. Die Debatte gilt als erste öffentliche Auseinandersetzung im Bereich Glaube und Naturwissenschaft. Vor mehreren Hundert Zuschauern wurde in Oxford heftig diskutiert. Am Ende hatten beide Seiten das Gefühl, argumentativ überlegen gewesen zu sein. Da es an guten Mitschriften mangelt, ist schwer zu sagen, ob und wer tatsächlich überlegen war.

Das Interessante ist, dass die Debatte im religiösen Lager deutlich vielschichtiger geführt wurde, als wir das heute oft annehmen. Neben den extremen Positionen gab es eine breite Mitte. Die Geologie hatte Fortschritte gemacht und die wenigsten Theologen gingen damals von einer wörtlichen Auslegung des Schöpfungsberichts aus. Darwins Beobachtungen wurden deshalb von vielen als interessante neue Mechanismen gesehen. Insbesondere im Arbeitsfeld der Natürlichen Theologie, also der Theologie, die versucht, aufgrund biologischer Entdeckungen Schlussfolgerungen über Gott zu ziehen, entwickelten sich vielfältigste Gedanken, wie Schöpfungsbericht und Biologie zusammenpassen könnten. Genauso waren übrigens die meisten Naturwissenschaftler, inklusive Darwin, nicht der Meinung, dass die Evolutionstheorie den Glauben an Gott überflüssig mache oder seine Existenz widerlege. Sie gingen davon aus, dass Gott durch die Gesetze der Natur schöpferisch tätig sei.

Beat Schweitzer nennt in seinem Buch zwei Beispiele, die zeigen, wo die Spannungen für die Theologen der damaligen Zeit wirklich lagen. Charles Hodge, amerikanischer Theologe im 19. Jahrhundert, hatte, wie die meisten anderen Theologen, kein Problem mit der Theorie der Schöpfung durch Evolution. Was ihn störte, war, dass Darwins Theorie den Zufall betonen und damit einen göttlichen Plan oder göttliches Eingreifen in das Entwicklungsgeschehen ausschließen würde. Deshalb lehnte er die Evolutionstheorie ab. Im Gegensatz zu Hodge wurde die Evolutionstheorie vom amerikanischen Botaniker Asa Gray befürwortet. Seiner Meinung nach unterscheidet sich die Evolutionstheorie im Kern nicht von anderen wissenschaftlichen Theorien. Alle sind in sich selbst auch ohne Gott schlüssig und müssen es auch sein. Denn sonst wäre es keine Naturwissenschaft. Allerdings bedeutet dies seiner Meinung nach nicht, dass sie zwingend Atheismus lehrt. Denn auch Newton würde ja niemand Atheismus vorwerfen, nur weil seine Entdeckung der Gravitationslehre erklären kann, wie Planeten auf ihren Umlaufbahnen gehalten werden. Genauso wenig stellt die Evolutionstheorie deshalb laut Gray eine Bedrohung für die Theologie dar.

Erst zu Beginn des 20. Jahrhunderts kam es zu dem Bruch zwischen Anhängern der zwei Lager, die wir heute kennen. Auf der einen Seite stehen die Kreationisten, die eine göttliche, sechstägige Schöpfungswoche verteidigen. Auf der anderen Seite die, die jeglichen biblischen Wahrheitsgehalt verneinen. Letztere glauben, dass sie damit einhergehend auch direkt die Existenz Gottes widerlegen. Zwischen diesen beiden extremen Lagern gibt es jedoch immer noch eine große Bandbreite an Meinungen, die in den Medien lediglich weniger laut präsentiert werden.

In den letzten gut einhundertfünfzig Jahren hat sich aber nicht nur das theologische Feld weiterentwickelt, sondern auch die Evolutionstheorie. Sie ist keine statische und in Stein gemeißelte Theorie. Sie wird, wie alle wissenschaftlichen Theorien, stetig weiterentwickelt und dem aktuellen Stand der Wissenschaft angepasst. Noch immer ist die natürliche Auswahl ein zentraler Bestandteil der Theorie, aber Erkenntnisse aus Genetik und Molekularbiologie haben neue Details zur Vererbungslehre hinzugefügt. Trotzdem ist Darwins Theorie bis heute die einzige allgemein akzeptierte Theorie zur Entstehung der Artenvielfalt. Denn sie schafft es, nicht nur biologische Befunde zu erklären, sondern verschiedene Teildisziplinen innerhalb der Biologie miteinander zu verbinden und ihre Beobachtungen zu einer Einheit zu integrieren. Auch die im vorherigen Kapitel erwähnten Entdeckungen über die Rolle von Viren in der menschlichen Entwicklung lassen sich gut integrieren.

Die Bibel und die Evolution

Was heißt das alles jetzt für unseren Glauben? Können wir noch guten Gewissens daran festhalten, dass Gott den Menschen nach seinem Ebenbild geschaffen hat?

Manche Theologen weisen zu Recht darauf hin, dass man trotz der Fülle an Belegen für eine evolutionäre Entwicklung letztlich nicht sicher sein könne, dass dieses Modell nicht irgendwann durch eine neue, bessere naturwissenschaftliche Erklärung ersetzt werde. Das ist prinzipiell natürlich erst mal richtig, denn so funktioniert Naturwissenschaft. Allerdings bin ich der Meinung, dass man so weit gar nicht gehen muss. Denn obwohl die Evolutionstheorie aus meiner Sicht ein ganz hervorragendes Modell darstellt und so manche Rückfrage an unsere theologischen Modelle stellt, kann sie eine ganz zentrale Frage trotzdem nicht beantworten: die Frage, ob und wie Gott in dieser Welt wirkt. Denn Gottes Existenz und Handeln kann sie auch nicht ausschließen.

Schon schwieriger wird es, wenn wir uns mit der Frage nach unserer Identität auseinandersetzen. Wir haben bereits darüber nachgedacht, was ein evolutionärer Ursprung des Menschen für unsere Erklärungsmodelle vom Sündenfall und dem Bösen bedeuten könnte. Wie können wir nun über unsere Identität als Ebenbild Gottes nachdenken?

Das Schöne ist, dass es noch immer eine große Bandbreite an Ansätzen gibt. Ich kann hier nur ein paar wenige nennen. Keiner davon erhebt Anspruch auf Exklusivität oder behauptet von sich, alle Fragen zu beantworten. Aber sie sollten uns ermutigen, weiterzudenken und tiefer zu graben. Denn wer weiß, vielleicht lernen wir dadurch ganz neue Aspekte unserer Identität kennen?

Der Theologe J. Wentzel van Huyssteen betont zum Beispiel, dass uns die Evolutionstheorie Einblicke geben könne, wie uns erlernte Fähigkeiten wie Kooperation, Mitgefühl oder die Nutzung von Gegenständen, Ritualen und Symbolen geprägt und befähigt haben, körperlich, seelisch und geistlich bereit zu werden für Glauben und eine Gottesbeziehung.

Der Philosoph Aku Visala argumentiert außerdem, dass Darwins Theorie den Menschen nicht einfach komplett in die nahe verwandten Tierarten einordne, sondern dass auch Evolutionsbiologen die Besonderheit des Menschen betonten. Er schlägt zudem vor, dass die Seele – im Unterschied zu den biologischen und neurowissenschaftlichen Mechanismen der Evolutionstheorie – erklären könne, wie Bewusstsein, Würde und Wert des Menschen oder Leben nach dem Tod ins große Ganze passen könnten.

Der Naturwissenschaftler und Theologe Mark Harris hält dagegen vielmehr die Auslegung der menschlichen Ebenbildlichkeit im

Sinne eines Stellvertretertums für den Knackpunkt. Diese Auslegung lässt sich beinahe problemlos mit der Evolutionstheorie vereinbaren. Sie bietet außerdem angesichts der aktuellen Klimakrise einen klaren Auftrag an uns Menschen, unser Verständnis von verantwortungsvollem Umgang mit der Erde und ihren Geschöpfen neu zu hinterfragen, wie wir das in Kapitel sechs getan haben.

Der Theologe und Philosoph Thomas Jay Oord versteht unsere Ebenbildlichkeit wiederum als unsere Fähigkeit, Liebe in all unseren Beziehungen leben zu können.

Der Theologe Ted Peters geht davon aus, dass unsere Ebenbildlichkeit weniger aus unserer Vergangenheit stammt, sondern vielmehr erst in unserer Zukunft in Christus vollendet werden wird.

Auch wenn ich nicht behaupten will, dass diese Ansätze alle Spannungen zwischen Evolutionstheorie und Theologie beseitigen, zeigen sie doch, wie viel Raum für Dialog ist. Es liegt bei uns, weiterzudenken und zu entdecken.

Gedanken fürs Reisetagebuch

In diesem Kapitel haben wir uns der Frage gestellt, was die Evolutionstheorie für unsere Identität als Mensch bedeutet. Wir haben gesehen, dass die Naturwissenschaft trotz ihrer beeindruckenden Erkenntnisse wenig darüber sagen kann, was die göttliche Ebenbildlichkeit im Menschen bedeutet. Denn sie kann nichts darüber sagen, ob und wie Gott wirkt oder was das für unsere Identität vor Gott bedeutet. Wir haben außerdem gesehen, dass es viel mehr Raum für Dialog gibt, als wir oft denken. Ich hoffe, dass uns das Beispiel des Galileo Galilei hilft, in Zukunft besser einzuschätzen, wo unsere Kompetenz endet, Spannungen auszuhalten und mutig so lange tiefer zu graben, bis wir etwas Neues entdecken.

Abschluss: (M)ein Fazit

Noch ein Grund, warum ich gerne reise, ist, dass ich eigentlich nie unverändert zurückkomme. Neue Eindrücke und Erfahrungen, oft schon allein die Tatsache, mal so ganz raus zu sein aus Zivilisation und Alltag, führen dazu, dass ich Prioritäten überdenke und neue Ziele setze. Die Frage, die ich mir dann jedes Mal stelle, ist: Wie kann ich diese neuen Gedanken in meinen Alltag hinüberretten? Denn wir alle wissen, wie schnell wir wieder im alten Rhythmus sind.

An dieser Stelle sind wir auch am Ende unserer Reise durch die Welt der Viren angekommen. Die Frage ist jetzt: Was nun? Wohin hat uns diese Reise geführt? Und wie wollen wir in Zukunft mit Viren und den großen Lebensfragen umgehen?

Falls du Interesse hast, findest du am Ende des Buches noch ein paar Anstöße zum Weiterdenken oder Diskutieren mit Freunden. An dieser Stelle nun noch mein eigenes Fazit dieser Reise – eine Auswahl an Gedanken.

Ein Plädoyer für den Rückblick

Am Ende eines Urlaubs haben die meisten von uns zwei Aufgaben: Wäsche waschen und Fotos sortieren. Ob Letzteres nun digital oder analog geschieht, es hat den Vorteil, die schönsten Momente der Reise noch einmal Revue passieren lassen zu können. Ich schlage jetzt natürlich nicht vor, dass wir uns alle einen ruhigen Moment gönnen und romantisiert die Highlights der letzten hundert Jahre Virusforschung vor Augen führen. Aber ich lade dich dazu ein, darüber nachzudenken, wo du in diesem Buch Schönheit erlebt hast, überrascht warst oder ins Staunen gekommen bist. Dich daran zu freuen, wo naturwissenschaftliche Forschung Schönheit entdeckt hat, die uns ohne die mühevolle Detailversessenheit Einzelner immer noch verborgen wäre. Und ich lade dich auch dazu ein, in Zukunft immer mal ein Auge darauf zu richten, was uns Forschung über unsere Welt zeigen kann. Durch schön anzusehende Tiefseedokumentationen mit hübschen bunten Fischen, aber auch durch Themengebiete wie die Virologie, die zuerst vielleicht nicht so klingen, als könnte man dort Schönheit entdecken.

Ein Plädoyer für den Spagat

Ja, ich mag Viren und sie können, wie ich hoffentlich zeigen konnte, faszinierende Facetten und auch positive Auswirkungen haben. Gleichzeitig verursachen sie aber auch großes Leid. Das ist die Wirklichkeit, in der wir leben. Wir können uns also nicht einfach alle zusammenreißen und lernen, das Gute in Viren zu sehen. Wir sollten sie aber auch nicht für das personifizierte Böse oder ein harmloses Gerücht halten. Beides hilft uns nicht weiter. Die Herausforderung ist deshalb, den Spagat auszuhalten. Zu ertragen, dass Viren immer beides sein werden: gefährliche Parasiten, aber auch nützliche Bestandteile unserer Welt. Dieser Spagat ist nicht leicht, aber ein gutes Übungsfeld. Denn wenn wir ehrlich sind, ist das Leben in vielen anderen Bereichen ja auch ein Spagat. In unserem persönlichen Leben liegen Freud und Leid sprichwörtlich oft sehr nahe beieinander. Auch unser Glaubensleben selbst ist oft ein Spagat, weil Glaube eine Realität ist, die wir zwar erfassen können, aber immer nur bruchstückhaft.

Ein Plädoyer für die Forschung

Wenig überraschend ist, dass ich natürlich auch für die Forschung werben möchte, auch wenn sie langfristig wohl nur einer Minderheit vorbehalten bleibt. Dafür, dass Menschen bereit sind, selbst zu forschen, sich zu interessieren oder Gelder und Ressourcen zur Verfügung zu stellen. Es ist ein Privileg, forschen zu dürfen, lernen und Fragen stellen zu können, Methoden zu entwickeln und am Ende der Bemühungen einen neuen Aspekt unserer Welt zu entdecken. Ich will die frustrierenden Misserfolge auf dem Weg nicht verschweigen. Wissenschaft kostet Zeit, Geld und persönlichen Einsatz. Aber ich will auch sagen, wie sehr es sich lohnt, neue Entdeckungen zu machen. Auch wenn oft erst Jahre später klar wird, wofür das Wissen nützlich ist. Forschung ist ein bisschen wie das Bauen von Kathedralen im Mittelalter. Die technischen Herausforderungen sind groß und das große Ganze scheint auf den ersten Blick unmöglich. Während man mit seinen jeweiligen Begabungen und Interessen an seinem eigenen, kleinen Baustein meißelt, verliert man schnell das größere Ziel aus den Augen und stellt Vergleiche an, insbesondere, weil es ja auch immer um die Vergabe von neuen Geldern geht. Es kostet Hingabe, sich davon nicht entmutigen zu lassen, und die Bereitschaft, seine Kraft in etwas zu investieren, das man womöglich nie in vollem Glanz sehen wird. Trotzdem ist es schön, Teilsiege zu feiern und sich an kleinsten Entdeckungen und technischen Fortschritten zu freuen. In meiner persönlichen Wahrnehmung erlebe ich hier Gottes Gnade, wenn ich mich darauf einlasse.

Gleichzeitig will ich aber auch für einen besseren Dialog zwischen Forschenden und Nichtforschenden werben. Die Wissenschaft hat in den letzten Jahren oft versäumt, zu erklären, woran sie da eigentlich arbeitet, wie es funktioniert, wo die Schwierigkeiten liegen, aber auch, welche Fortschritte wir welcher Forschung zu verdanken haben. Inzwischen gibt es tolle Beispiele, wie anschaulich etwa Wissenschafts-Podcasts sein können. Wir alle sollten wissen, worüber wir reden. Nur so kann echte Diskussion entstehen. Nur so können wir ethische und andere Entscheidungen mittreffen.

Ein Plädoyer für die Natur

Dieses Buch hat hoffentlich auch gezeigt, wie eng verwoben die verschiedenen Lebenswelten auf unserem Planeten sind und wie insbesondere Viren das Zusammenspiel von Ökosystemen beeinflussen. Mein Buch ist daher auch ein Plädoyer für die Natur. Wir tragen Verantwortung für diese Welt und die Lebensräume anderer Spezies. Wenn wir Ökosysteme ausbeuten und aus dem Gleichgewicht bringen, hat das nicht nur Konsequenzen für das betroffene Ökosystem, sondern auch für alle anderen.

Ein Plädoyer für Hoffnung und mehr Fragen

Wir haben auf dieser Reise aber nicht nur über Biologie, sondern auch über Gott nachgedacht. Und ich hoffe, dass dieses Buch eben auch zeigt, wie Glaube und Naturwissenschaft sich gegenseitig bereichern können. Ich würde mir wünschen, dass wir uns am Ende dieser Reise der Hoffnung sicher sind, die wir durch den Tod und die Auferstehung Jesu Christi haben können. Ich wünsche mir, dass wir aus dieser Hoffnung heraus eigene Ängste und Unsicherheiten, die wir vielleicht in der Coronavirus-Pandemie besonders deutlich zu spüren bekommen haben, überwinden können, um ein paar der Nöte in unserer Gesellschaft anzugehen. Wir haben einen großen Gott, der es erträgt, wenn wir ihm Fragen stellen. Nicht auf alle werden wir eine Antwort bekommen, aber ich bin davon überzeugt, dass wir durch diese Fragen einen Raum schaffen, in dem Gott uns neu begegnen kann. Und ich glaube auch, dass uns diese Fragen eine gesunde Demut lehren. Denn wir sind nicht Gott. Aber wir dürfen an seinem Reich Anteil haben.

Dafür wünsche ich dir Gottes Segen.

Zum Weiterdenken

Kapitel 1

- Mit welchen Worten beschreibst du Viren im Alltag? Wo helfen dir Vermenschlichungen? Wo führen sie dich auf eine falsche Fährte?
- Unter Schönheit verstehen wir alle vermutlich etwas anderes. Dennoch würden die meisten von uns Blumen, Abendrot oder eine Berglandschaft als schön bezeichnen. Gibt es auch Dinge, die man, neutral betrachtet, an Viren schön finden kann?
- Ängste entstehen oft dadurch, dass wir etwas nicht gut einschätzen können. Dank der Forschung haben wir inzwischen viel genauere Vorstellungen davon, was ein Virus eigentlich ist und wie es funktioniert. Welches Wissen hilft dir, zwar den nötigen Respekt vor Viren zu bewahren, aber auch nicht unbegründet ängstlich zu reagieren?

Kapitel 2

- Wie definierst du Leben?
- Wo beeinflusst unsere Definition von Leben unser praktisches Handeln im Alltag? Die Art und Weise, wie wir über die Welt denken und reden?
- Wie beeinflusst unsere Vorstellung von der Naturwissenschaft unsere Definition von Wahrheit?
- Welche Indizien deuten darauf hin, dass die Bibel vertrauenerweckend ist? Wo finden wir Wahrheitsgehalt?

- Ändert sich mein Leben, wenn ich Leben viel weiter definiere als nur nach biologischen Maßstäben? Wer bin ich, wenn ich mehr bin als nur mein Gehirn? Habe ich andere Ziele und Prioritäten?
- Kannst du in Worte fassen, was Leben mit Gott ausmacht? Welchen Unterschied macht es für dich im Vergleich zu einem Leben ohne Gott?

Kapitel 3

- Welcher der Tricks unseres Immunsystems hat dich am meisten zum Staunen gebracht und warum?
- Hat irgendeiner dieser Tricks einen Einfluss darauf, wie du dich beim nächsten Mal verhältst, wenn du einen Infekt hast? Welche Medikamente du nimmst oder nicht nimmst?
- Hat die Tatsache, dass manche deiner Symptome durch dein Immunsystem verursacht werden, deine Perspektive auf Viren verändert? Und wenn ja, wie?

Kapitel 4

- In welchen Lebensbereichen hat dich die Coronavirus-Pandemie am stärksten leiden lassen?
- Gibt es Arten von Leid, die du leichter ertragen kannst als andere? Und warum? Hast du unterschiedliche Strategien, wie du mit den verschiedenen Arten von Leid umgehst?
- Welche Auswirkungen hat Leid auf deine Vorstellung von Gott oder auf deine Gottesbeziehung?

- Wie und wann hilft dir der Gedanke an einen mitleidenden Gott? Wann tust du dich schwer damit?
- Wie gestaltest du Trauer? Wie kommunizierst du sie oder hilfst anderen in deinem Umfeld, Trauer in Gemeinschaft zu leben?
- Welche Gesellschaftsgruppen werden gerade abgehängt? Und warum? Wo müssen wir als Gesellschaft nach der Pandemie umdenken? Wo kannst du heute schon anfangen, Beziehungen aufzubauen, und ins Gespräch kommen? Hast du in deinem beruflichen oder privaten Umfeld Möglichkeiten, Veränderungen mitzugestalten?
- Welche Beispiele von Menschen, die sich im vergangenen Jahr persönlich weit über ihre Berufsbeschreibungen hinaus eingesetzt haben, haben dich besonders beeindruckt?
- Durch welche Möglichkeiten oder Fähigkeiten kannst du dazu beitragen, das Leid anderer Menschen zu lindern? Hast du einen besonderen Beruf? Besonders viel Zeit, Kreativität oder Geld? Oder Kontakte zu besonders betroffenen Menschen?

Kapitel 5

- Gibt es Infektionserkrankungen, von denen du häufiger betroffen bist als von anderen? Welche Faktoren begünstigen diese Erkrankungen? Und gibt es einfache Tricks, um eine Infektion zu verhindern?
- Wie verbinden dich die Lebensmittel, die du verbrauchst, die Kleidungsstücke, die für dich produziert werden, oder die Gegenstände, die du kaufst, mit anderen Ökosystemen?
- Durch welche Maßnahmen könnten wir den Sprung von Viren aus dem Tierreich auf den Menschen erschweren oder verhindern?

Kapitel 6

- Welchen Einfluss hat der Auftrag, Verwalter zu sein, darauf, wie wir unsere Identität empfinden? Wo empfindest du konkret Verantwortung für unsere Welt?

- Kannst du Clarks Gedanken nachvollziehen, dass Evolution insofern ein Geschenk an uns ist, weil es uns an Gottes Werk teilhaben lässt und uns unsere Verbundenheit mit der restlichen Schöpfung aufzeigt?

- Wie geht es dir mit deiner Identität als Mensch, wenn du darüber nachdenkst, dass wir im Gegensatz zu anderen Lebensformen auf diesem Planeten, zum Beispiel Bakterien, erst seit Kurzem eine Rolle spielen?

- In welchen Lebensbereichen müssten wir uns eigentlich besser informieren, um bessere Entscheidungen treffen zu können?

- Weißt du, wo du qualitativ hochwertige Informationen bekommst? Und woran du Qualität bei Informationen festmachen kannst?

- Wie beteiligst du dich intellektuell am gesellschaftlichen Leben? Was denkst du, wie wir mit unserer intellektuellen Verantwortung umgehen sollten? Wissen wir noch, wie wir als Gesellschaft ethische Diskussionen informiert führen? Oder erwarten wir, dass eine kleine Gruppe kluger Menschen diese für uns führt, während wir uns zurücklehnen und nörgeln?

- Wir alle sind geprägt von den Weltanschauungen, die uns umgeben. In welchen Themenbereichen sind wir oft nicht mutig genug, unsere Ansichten hinterfragen zu lassen? Wo müssten wir eigentlich noch ein bisschen nachlesen, nachdenken und diskutieren? Oder vielleicht sogar mehr forschen?

- Wie gehst du mit deiner Gesundheit um? Wo ist dir deine körperliche Gesundheit zu wichtig oder zu wenig wichtig? Wo hast du das Gefühl, dass wir zu weit gehen und »Gott spielen«?
- Was hilft dir, die richtige Balance zu finden zwischen deiner eigenen Verantwortung und dem Wissen, dass es letztlich Gott ist, der für Erlösung verantwortlich ist?

Kapitel 7

- An welcher Stelle hat dich der positive Effekt von Viren am meisten überrascht?
- Wie stehst du zu den genannten Tricks, die wir uns von Viren abgeschaut haben und jetzt medizinisch nutzen?
- Wo siehst du Bedarf nach klareren Regeln, um zu verhindern, dass »Gutes« nicht für »Böses« genutzt wird?

Kapitel 8

- Welchen Ansatz, der die Entstehung des Bösen erklären will, vertrittst du? Was sind die theologischen Stärken und Schwächen? Inwiefern siehst du diesen Ansatz durch die Biologie bestätigt oder widerlegt?
- Welche Formen natürlichen Übels belasten dich am meisten, wenn du sie siehst? Was würdest du Gott gerne dazu fragen?
- Wo in deinem Leben ertappst du dich dabei, wie sich das von dir verübte moralische Übel als natürliches Übel auswirkt?

Kapitel 9

- Welche Gefühle ruft dieses Kapitel in dir hervor? Wo fasziniert und wo irritiert dich die Tatsache, dass dein Erbgut fast zur Hälfte aus den Überresten von Virussequenzen besteht?
- Hat dieses Wissen Einfluss darauf, wie du über Viren denkst?
- Oder über deine menschliche Identität?

Kapitel 10

- Was können wir aus dem Fall des Galileo Galilei lernen? Wie führst du den Dialog mit anderen fachlichen Disziplinen? Weißt du, wo die Methoden deiner Disziplin ihre Grenzen haben?
- Wie gehst du mit Spannungen um? Was hilft dir, sie innerlich erst mal auszuhalten, bis es dir leichter fällt, das große Ganze zu sehen?
- Die Evolutionstheorie bedroht aus der Perspektive verschiedener, aber nicht aller christlicher Strömungen diverse Auslegungen in der Bibel. Welche davon empfindest du als so zentral, dass du die Evolutionstheorie als bedrohlich empfindest?
- Gibt es zu dieser Auslegung andere Meinungen, entweder aus der Kirchengeschichte, anderen Kulturen oder Denominationen? Worin unterscheiden sich diese Auslegungen zu deiner Auslegung? Was sind ihre Stärken und Schwächen?

Zum Weiterlesen

Falls du an dem ein oder anderen Thema Interesse gefunden hast, könntest du hier deine eigene Entdeckungsreise starten.

Die erstaunliche Welt der Viren

Mölling, K.: Viren: Supermacht des Lebens. C. H. Beck 2020.

Roossinck, M. J.: Viren!: Helfer, Feinde, Lebenskünstler – in 101 Porträts. Springer 2018.

Ryan, F.: Virolution: Die Macht der Viren in der Evolution. Spektrum Akademischer Verlag 2010.

Glaube und Naturwissenschaft

Drossel, B. (Hg.): Naturwissenschaftler reden von Gott. Brunnen 2016.

Lennox, J.: Wozu Glaube, wenn es Wissenschaft gibt? SCM R. Brockhaus/Institut für Glaube und Wissenschaft 2020.

McGrath, A.: Der Gottesplan: Glaube, Wissenschaft und der Sinn hinter den Dingen. Brunnen 2014.

Verlässliche Informationen und Ratgeber zu Infektionserkrankungen im Internet

Robert Koch-Institut: https://www.rki.de/DE/Home/homepage_node.html

Weltgesundheitsorganisation: https://www.euro.who.int/de/home
Europäisches Zentrum für die Prävention und die Kontrolle von
Krankheiten: https://www.ecdc.europa.eu/en

Quellenverzeichnis

Auswahl der verwendeten Literatur (Internetseiten zuletzt abgerufen am 17.5.2021):

Kapitel 1

Bracq, L., Xie, M., Benichou, S., Bouchet, J. (2018). Mechanisms for Cell-to-Cell Transmission of HIV-1. Front Immunol, 9, 260. doi:10.3389/fimmu.2018.00260

Duffy, S. (2018). Why are RNA virus mutation rates so damn high? PLoS Biol, 16(8), e3000003. doi:10.1371/journal.pbio.3000003

Flint, S. J., Racaniello, V. R., Rall, G. F., Skalka, A. M., Enquist, L. W. (2015). Principles of virology (4th ed.). Washington, DC: ASM Press.

García-Sastre, A. (2017). Ten Strategies of Interferon Evasion by Viruses. Cell Host Microbe, 22(2), 176–184. doi:10.1016/j.chom.2017.07.012

Gorbalenya, A. E., Enjuanes, L., Ziebuhr, J., Snijder, E. J. (2006). Nidovirales: Evolving the largest RNA virus genome. Virus Research, 117(1), 17-37. doi:https://doi.org/101016/j.virusres.2006.01.017

Krammer, F., Smith, G. J. D., Fouchier, R. A. M., Peiris, M., Kedzierska, K., Doherty, P. C., García-Sastre, A. (2018). Influenza. Nature Reviews Disease Primers, 4(1), 3. doi:10.1038/s41572-018-0002-y

Lieberman, P. M. (2016). Epigenetics and Genetics of Viral Latency. Cell Host Microbe, 19(5), 619-628. doi:10.1016/j.chom.2016.04.008

Martynoga, B., und Allain, M. (2020). The virus. David Fickling Books.

Neufeldt, C. J., Cortese, M., Acosta, E. G., Bartenschlager, R. (2018). Rewiring cellular networks by members of the Flaviviridae family. Nature Reviews Microbiology, 16(3), 125–142. doi:10.1038/nrmicro.2017.170

Rheinemann, L., Sundquist, W. I. (2020). Virus Budding. Reference Module in Life Sciences. doi:10.1016/B978-0-12-814515-900023-0

Summers, W. C. (2014). Inventing Viruses. Annu Rev Virol, 1(1), 25–35. doi:10.1146/annurev-virology-031413-085432

Tsukuda, S., Watashi, K. (2020). Hepatitis B virus biology and life cycle. Antiviral Research, 182, 104925. doi:https://doi.org/101016/j.antiviral.2020.104925

V'kovski, P., Kratzel, A., Steiner, S., Stalder, H., Thiel, V. (2020). Coronavirus biology and replication: implications for SARS-CoV-2. Nature
Reviews Microbiology. doi:10.1038/s41579-020-00468-6

Ventura, J. D. (2020). Human Immunodeficiency Virus 1 (HIV-1): Viral
Latency, the Reservoir, and the Cure. The Yale journal of biology
and medicine, 93(4), 549–560. Siehe https://www.ncbi.nlm.nih.
gov/pmc/articles/PMC7513431/Yamauchi, Y., Helenius, A. (2013).
Virus entry at a glance. Journal of Cell Science, 126(6), 1289–1295.
doi:10.1242/jcs.119685

Kapitel 2

Brandes, N., Linial, M. (2019). Giant Viruses – Big Surprises. Viruses,
11(5), 404. Siehe https://www.mdpi.com/1999-4915/11/5/404

Collins, F. (2008). The Language of God: A Scientist Presents Evidence for
Belief: Simon & Schuster UK.

Dirckx, S. (2019). Am I just my brain? Epsom: The Good Book Company.

Forterre, P. (2017). Viruses in the 21st Century: From the Curiosity-
Driven Discovery of Giant Viruses to New Concepts and Definition of
Life. Clin Infect Dis, 65(suppl_1), 74-79. doi:10.1093/cid/cix349

Gabbatiss, J. (2017). There are over 100 definitions for »life« and
all are wrong. Big Questions, Life. Siehe http://www.bbc.com/
earth/story/20170101-there-are-over-100-definitions-for-life-and-
all-are-wrong

Hood, L., Rowen, L. (2013). The Human Genome Project: big science
transforms biology and medicine. Genome Medicine, 5(9), 79.
doi:10.1186/gm483

Kirkham, R. L. (1995). Theories of truth: a critical introduction
(pp. 1 online resource (xi, 401 pages)). Siehe unter: EBSCO eBooks.
http://search.ebscohost.com/login.aspx?direct=true&scope=
site&db=nlebk&AN=1668

McGrath, A. E. (1998). The foundations of dialogue in science and religion. Oxford: Blackwell Publishers.

McGrath, A. E. (2016). Enriching our vision of reality: theology and the
natural sciences in dialogue. London: SPCK.

Kapitel 3

Daugherty, M. D., Malik, H. S. (2012). Rules of Engagement: Molecular Insights from Host-Virus Arms Races. Annual Review of Genetics, 46(1), 677–700. doi:10.1146/annurev-genet-110711-155522

Enard, D., Cai, L., Gwennap, C., Petrov, D. A. (2016). Viruses are a dominant driver of protein adaptation in mammals. eLife, 5, e12469. doi:10.7554/eLife.12469

Flint, S. J., Racaniello, V. R., Rall, G. F., Skalka, A. M., & Enquist, L. W. (2015). Principles of virology.

Gorbunova, V., Seluanov, A., Kennedy, B. K. (2020). The World Goes Bats: Living Longer and Tolerating Viruses. Cell Metab, 32(1), 31–43. doi:10.1016/j.cmet.2020.06.013

Lee, H.-C., Chathuranga, K., Lee, J.-S. (2019). Intracellular sensing of viral genomes and viral evasion. Experimental & Molecular Medicine, 51(12), 1–13. doi:10.1038/s12276-019-0299-y

Lodoen, M. B., Lanier, L. L. (2005). Viral modulation of NK cell immunity. Nat Rev Microbiol, 3(1), 59–69. doi:10.1038/nrmicro1066

Mesev, E. V., LeDesma, R. A., Ploss, A. (2019). Decoding type I and III interferon signalling during viral infection. Nat Microbiol, 4(6), 914–924. doi:10.1038/s41564-019-0421-x

Murira, A., & Lamarre, A. (2016). Type-I Interferon Responses: From Friend to Foe in the Battle against Chronic Viral Infection. Front Immunol, 7, 609. doi:10.3389/fimmu.2016.00609

Pollard, A. J., Bijker, E. M. (2020). A guide to vaccinology: from basic principles to new developments. Nature Reviews Immunology. doi:10.1038/s41577-020-00479-7

Rouse, B. T., Sehrawat, S. (2010). Immunity and immunopathology to viruses: what decides the outcome? Nature reviews. Immunology, 10(7), 514–526. doi:10.1038/nri2802

Schoggins, J. W. (2019). Interferon-Stimulated Genes: What Do They All Do? Annu Rev Virol, 6(1), 567–584. doi:10.1146/annurev-virology-092818-015756

Scully, E. P., Haverfield, J., Ursin, R. L., Tannenbaum, C., Klein, S. L. (2020). Considering how biological sex impacts immune responses and COVID-19 outcomes. Nature reviews. Immunology, 20(7), 442–447. doi:10.1038/s41577-020-0348-8

Tompa, D. R., Immanuel, A., Srikanth, S., Kadhirvel, S. (2021). Trends and strategies to combat viral infections: A review on FDA approved antiviral drugs. International Journal of Biological Macromolecules, 172, 524–541. doi:https://doi.org/101016/j.ijbiomac.2021.01.076

Kapitel 4

Bonhoeffer, D. (2016). Widerstand und Ergebung: Briefe und Aufzeichnungen aus der Haft (22. Auflage ed.): Gütersloher Verlagshaus.

Bloom, D. E., Cadarette, D., Sevilla, J. P. (2018). Epidemics and Economics. Finance & Development, 55(2). Siehe https://www.imf.org/external/pubs/ft/fandd/2018/06/economic-risks-and-impacts-of-epidemics/bloom.htm

Kostova, D., Cassell, C. H., Redd, J. T., Williams, D. E., Singh, T., Martel, L. D., Bunnell, R. E. (2019). Long-distance effects of epidemics: Assessing the link between the 2014 West Africa Ebola outbreak and U.S. exports and employment. Health Econ, 28(11), 1248–1261. doi:10.1002/hec.3938

Luther, M. (1527). Ob man vor dem Sterben fliehen möge. Weimarer Ausgabe 23. S. 339–379.

Schilling, M. und Gamble, J. und N. (2020). Was Luther uns zum Coronavirus lehren kann. Siehe https://www.pro-medienmagazin.de/gesellschaft/gesellschaft/2020/03/22/was-luther-uns-zum-coronavirus-lehren-kann/Schnell, L. (2020). Is the coronavirus an act of God? Faith leaders debate tough questions amid pandemic. Siehe https://eu.usatoday.com/story/news/nation/2020/04/02/coronavirus-god-christain-jewish-muslim-leaders-saying-deadly-plague/5101639002/Sharon, J. (2020). Religious leaders: Coronavirus is punishment, sign of the messiah's coming. Siehe https://www.jpost.com/international/religious-leaders-coronavirus-is-punishment-sign-of-the-messiahs-coming-621339

Williams, G. P. (2009). A Talmudic Perspective on Old Testament Diseases, Physicians and Remedies. (Master of Arts). University of South Africa. Siehe https://pdfs.semanticscholar.org/7418/1bf29361dae195bfb665ae19085e2102bd70.pdf

Wright, N. T. (2020). God and the Pandemic: A Christian Reflection on the Coronavirus and Its Aftermath: Zondervan/Harpercollins World.

Kapitel 5

Abdelrahman, Z., Li, M., Wang, X. (2020). Comparative Review of SARS-CoV-2, SARS-CoV, MERS-CoV, and Influenza A Respiratory Viruses. Front Immunol, 11, 552909. doi:10.3389/fimmu.2020.552909

Anthony, S. J., Epstein, J. H., Murray, K. A., Navarrete-Macias, I., Zambrana-Torrelio, C. M., Solovyov, A., Lipkin, W. I. (2013). A Strategy To Estimate Unknown Viral Diversity in Mammals. mBio, 4(5), e00598-00513. doi:10.1128/mBio.00598-13

Breitbart, M., Bonnain, C., Malki, K., Sawaya, N. A. (2018). Phage puppet masters of the marine microbial realm. Nat Microbiol, 3(7), 754–766. doi:10.1038/s41564-018-0166-y

Dawood, F. S., Iuliano, A. D., Reed, C., Meltzer, M. I., Shay, D. K., Cheng, P. Y., Widdowson, M. A. (2012). Estimated global mortality associated with the first 12 months of 2009 pandemic influenza A H1N1 virus circulation: a modelling study. Lancet Infect Dis, 12(9), 687–695. doi:10.1016/s1473-3099(12)70121-4

Dhama, K., Patel, S. K., Sharun, K., Pathak, M., Tiwari, R., Yatoo, M. I., Rodriguez-Morales, A. J. (2020). SARS-CoV-2 jumping the species barrier: Zoonotic lessons from SARS, MERS and recent advances to combat this pandemic virus. Travel Medicine and Infectious Disease, 37, 101830. doi:https://doi.org/101016/j.tmaid.2020.101830

Donatelli, I., Castrucci, M. R., De Marco, M. A., Delogu, M., Webster, R. G. (2017). Human-Animal Interface: The Case for Influenza Interspecies Transmission. In G. Rezza & G. Ippolito (Eds.), Emerging and Re-emerging Viral Infections: Advances in Microbiology, Infectious Diseases and Public Health Volume 6 (pp. 17–33). Cham: Springer International Publishing.

Dunning, J., Thwaites, R. S., & Openshaw, P. J. M. (2020). Seasonal and pandemic influenza: 100 years of progress, still much to learn. Mucosal Immunology, 13(4), 566–573. doi:10.1038/s41385-020-0287-5

Eccles, R. (2002). Acute cooling of the body surface and the common cold. Rhinology, 40(3), 109–114.

Edridge, A. W. D., Kaczorowska, J., Hoste, A. C. R., Bakker, M., Klein, M., Loens, K., van der Hoek, L. (2020). Seasonal coronavirus protective immunity is short-lasting. Nature Medicine, 26(11), 1691–1693. doi:10.1038/s41591-020-1083-1

Ehlkes, L. M. J. (2015). Seuchen – gestern, heute, morgen. Siehe https://www.bpb.de/apuz/206105/seuchen-gestern-heute-morgen?p=0

Ferguson, N. M. (2018). Challenges and opportunities in controlling mosquito-borne infections. Nature, 559(7715), 490–497. doi:10.1038/s41586-018-0318-5

Foxman, E. F., Storer, J. A., Fitzgerald, M. E., Wasik, B. R., Hou, L., Zhao, H., Iwasaki, A. (2015). Temperature-dependent innate defense against the common cold virus limits viral replication at warm temperature in mouse airway cells. Proc Natl Acad Sci U S A, 112(3), 827–832. doi:10.1073/pnas.1411030112

Godlee, F., Smith, J., Marcovitch, H. (2011). Wakefield's article linking MMR vaccine and autism was fraudulent. BMJ, 342, c7452. doi:10.1136/bmj.c7452

Hopkins, D. R. (1980). Ramses V – earliest known victim?

Lofgren, E., Fefferman, N. H., Naumov, Y. N., Gorski, J., Naumova, E. N. (2007). Influenza Seasonality: Underlying Causes and Modeling Theories. Journal of Virology, 81(11), 5429–5436. doi:10.1128/jvi.01680-06

Neumann, G., Noda, T., Kawaoka, Y. (2009). Emergence and pandemic potential of swine-origin H1N1 influenza virus. Nature, 459(7249), 931–939. doi:10.1038/nature08157

Paez-Espino, D., Eloe-Fadrosh, E. A., Pavlopoulos, G. A., Thomas, A. D., Huntemann, M., Mikhailova, N., Kyrpides, N. C. (2016). Uncovering Earth's virome. Nature, 536(7617), 425–430. doi:10.1038/nature19094

Reperant, L. A., Cornaglia, G., Osterhaus, A. D. M. E. (2013). The Importance of Understanding the Human-Animal Interface. In J. S. Mackenzie, M. Jeggo, P. Daszak, & J. A. Richt (Eds.), One Health: The Human-Animal-Environment Interfaces in Emerging Infectious Diseases: The Concept and Examples of a One Health Approach (pp. 49–81). Springer Berlin Heidelberg.

Sant, D. G., Woods, L. C., Barr, J. J., McDonald, M. J. (2021). Host diversity slows bacteriophage adaptation by selecting generalists over specialists. Nature Ecology & Evolution. doi:10.1038/s41559-020-01364-1

Suttle, C. A. (2005). Viruses in the sea. Nature, 437(7057), 356–361. doi:10.1038/nature04160

Suttle, C. A. (2007). Marine viruses – major players in the global ecosystem. Nat Rev Microbiol, 5(10), 801–812. doi:10.1038/nrmicro1750

Suttle, C. A. (2013). Viruses: unlocking the greatest biodiversity on Earth. Genome, 56(10), 542–544. doi:10.1139/gen-2013-0152

V'kovski, P., Kratzel, A., Steiner, S., Stalder, H., Thiel, V. (2020). Coronavirus biology and replication.

Wendt, S., Paquet, D., Schneider, A., Trawinski, H., Lübbert, C. (2020). Durch Mücken übertragbare Erkrankungen. CME, 17(6), 51–70. doi:10.1007/s11298-020-7976-y

WHO. (2018). Zika Virus. Fact Sheet. Siehe https://www.who.int/newsroom/fact-sheets/detail/zika-virus

WHO. (2019a). Measles. Fact Sheet. Siehe https://www.who.int/en/
news-room/fact-sheets/detail/measles
WHO. (2019b). Poliomyelitis. Fact Sheet. Siehe https://www.who.int/
news-room/fact-sheets/detail/poliomyelitis
WHO. (2020a). Dengue and severe dengue. Fact Sheet. Siehe
https://www.who.int/news-room/fact-sheets/detail/dengue-and-
severe-dengue
WHO. (2020b). Rabies. Fact Sheet. Siehe https://www.who.int/news-
room/fact-sheets/detail/rabies

Kapitel 6

Clark, S. R. L. (2020). Can We Believe in People? Angelico Press.
Cobb, J. (1980). Process Theology and Environmental Issues. Journal of
Religion, 60(4), 440. doi:10.1086/486819
Dalton, A. M., Simmons, H. C. (2010). Ecotheology and the Practice of
Hope. Albany, United States: State University of New York Press.
Edwards, D., Hendrickson, J. (2014). Partaking of God: trinity, evolution,
and ecology. Collegeville, Minnesota: Liturgical Press.
John Paul, I. (1990). Peace with God the Creator, Peace with all of Crea-
tion [Press release]. Siehe http://www.vatican.va/content/john-paul-
ii/en/messages/peace/documents/hf_jp-ii_mes_19891208_xxiii-
world-day-for-peace.html
Moltmann, J., Kohl, M. (2007). The future of creation: collected essays.
Minneapolis, MN: Fortress Press.
Schilling, M. und Gamble, J. und N. (2020). Was Luther uns zum Coronavirus lehren kann.
Williamson, E. J., Walker, A. J., Bhaskaran, K., Bacon, S., Bates, C., Mor-
ton, C. E., . . . Goldacre, B. (2020). Factors associated with COVID-
19-related death using OpenSAFELY. Nature, 584(7821), 430–436.
doi:10.1038/s41586-020-2521-4

Kapitel 7

Anzalone, A. V., Koblan, L. W., Liu, D. R. (2020). Genome editing with
CRISPR-Cas nucleases, base editors, transposases and prime editors.
Nature Biotechnology, 38(7), 824–844. doi:10.1038/s41587-020-
0561-9

Barr, J. J. (2017). A bacteriophages journey through the human body. Immunol Rev, 279(1), 106–122. doi:10.1111/imr.12565

Cassini, A., Högberg, L. D., Plachouras, D., Quattrocchi, A., Hoxha, A., Simonsen, G. S., Hopkins, S. (2019). Attributable deaths and disability-adjusted life-years caused by infections with antibiotic-resistant bacteria in the EU and the European Economic Area in 2015: a population-level modelling analysis. The Lancet Infectious Diseases, 19(1), 56–66. doi:10.1016/S1473-3099(18)30605-4

Clokie, M. R., Mann, N. H. (2006). Marine cyanophages and light. Environ Microbiol, 8(12), 2074–2082. doi:10.1111/j.1462-29202006.01171.x

Dedrick, R. M., Guerrero-Bustamante, C. A., Garlena, R. A., Russell, D. A., Ford, K., Harris, K., Spencer, H. (2019). Engineered bacteriophages for treatment of a patient with a disseminated drug-resistant Mycobacterium abscessus. Nature Medicine, 25(5), 730–733. doi:10.1038/s41591-019-0437-z

Dobson, A. (2009). Food-web structure and ecosystem services: insights from the Serengeti. Philosophical transactions of the Royal Society of London. Series B, Biological sciences, 364(1524), 1665–1682. doi:10.1098/rstb.2008.0287

Enard, D., Cai, L., Gwennap, C., Petrov, D. A. (2016). Viruses are a dominant driver of protein adaptation in mammals. eLife, 5, e12469. doi:10.7554/eLife.12469

Forterre, P. (2006). The origin of viruses and their possible roles in major evolutionary transitions. Virus Res, 117(1), 5–16. doi:10.1016/j.virusres.2006.01.010

French, R. K., Holmes, E. C. (2019). An Ecosystems Perspective on Virus Evolution and Emergence. Trends Microbiol. doi:10.1016/j.tim.2019.10.010

Górski, A., Jończyk-Matysiak, E., Międzybrodzki, R., Weber-Dąbrowska, B., Borysowski, J. (2018). »Phage Transplantation in Allotransplantation«: Possible Treatment in Graft-Versus-Host Disease? Front Immunol, 9, 941–941. doi:10.3389/fimmu.2018.00941

Górski, A., Międzybrodzki, R., Weber-Dąbrowska, B., Fortuna, W., Letkiewicz, S., Rogóż, P., Borysowski, J. (2016). Phage Therapy: Combating Infections with Potential for Evolving from Merely a Treatment for Complications to Targeting Diseases. Front Microbiol, 7, 1515. doi:10.3389/fmicb.2016.01515

Greely, H. T. (2019). He Jiankui, embryo editing, CCR5, the London patient, and jumping to conclusions. Siehe https://www.statnews.com/2019/04/15/jiankui-embryo-editing-ccr5/Hsu, H.-W., Chiu,

M.-C., Shoemaker, D., Yang, C.-C. S. (2018). Viral infections in fire ants lead to reduced foraging activity and dietary changes. Scientific Reports, 8(1), 13498. doi:10.1038/s41598-018-31969-3

Krupovic, M., Dolja, V. V., Koonin, E. V. (2019). Origin of viruses: primordial replicators recruiting capsids from hosts. Nat Rev Microbiol, 17(7), 449–458. doi:10.1038/s41579-019-0205-6

Leigh, B., Karrer, C., Cannon, J. P., Breitbart, M., Dishaw, L. J. (2017). Isolation and Characterization of a Shewanella Phage-Host System from the Gut of the Tunicate, Ciona intestinalis. Viruses, 9(3). doi:10.3390/v9030060

Lorenz, B. (2019). Erste Gentherapie einer schweren erblichen Netzhautdegeneration steht in Deutschland vor der Tür. Siehe https://www.dbsv.org/aktuell/rpe65-gentherapie.html

Mann, N. H., Cook, A., Millard, A., Bailey, S., Clokie, M. (2003). Bacterial photosynthesis genes in a virus. Nature, 424(6950), 741–741. doi:10.1038/424741a

Mölling, K. (2020). Viren: Supermacht des Lebens: C.H.Beck.

Roossinck, M. J., Bazan, E. R. (2017). Symbiosis: Viruses as Intimate Partners. Annu Rev Virol, 4(1), 123–139. doi:10.1146/annurev-virology-110615-042323

Sasso, E., D'Alise, A. M., Zambrano, N., Scarselli, E., Folgori, A., Nicosia, A. (2020). New viral vectors for infectious diseases and cancer. Seminars in Immunology, 50, 101430. doi:https://doi.org/101016/j.smim.2020.101430

Shkoporov, A. N., Hill, C. (2019). Bacteriophages of the Human Gut: The »Known Unknown« of the Microbiome. Cell Host Microbe, 25(2), 195–209. doi:10.1016/j.chom.2019.01.017

Sullivan, M. B., Lindell, D., Lee, J. A., Thompson, L. R., Bielawski, J. P., Chisholm, S. W. (2006). Prevalence and evolution of core photosystem II genes in marine cyanobacterial viruses and their hosts. PLoS Biol, 4(8), e234. doi:10.1371/journal.pbio.0040234

Suttle, C. A. (2005). Viruses in the sea. Nature, 437(7057), 356–361. doi:10.1038/nature04160

Suttle, C. A. (2007). Marine viruses – major players in the global ecosystem. Nat Rev Microbiol, 5(10), 801–812. doi:10.1038/nrmicro1750

Tsang, J. (2020). Changing CO2 Levels Require Microbial Coping Strategies. Siehe https://asm.org/Articles/2019/April/Changing-CO2-Levels-Means-Different-Coping-Strateg

Yin, H., Xue, W., Anderson, D. G. (2019). CRISPR-Cas: a tool for cancer research and therapeutics. Nature Reviews Clinical Oncology, 16(5), 281–295. doi:10.1038/s41571-019-0166-8

Zhang, Q., Wu, W., Zhang, J., Xia, X. (2020). Merits of the »Good« Viruses: The Potential of Virus-based Therapeutics. Expert Opin Biol Ther. doi:10.1080/147125982021.1865304

Kapitel 8

Deane-Drummond, C. (2018). Perceiving natural evil through the lens of divine glory? A conversation with Christopher Southgate. Zygon, 53(3), 792–807.

Lloyd, M. (2018). The Fallenness of Nature: Three Nonhuman Suspects. In S. P. Rosenberg (Ed.), Finding Ourselves after Darwin: Conversations on the Image of God, Original Sin, and the Problem of Evil (pp. 262–279). Grand Rapids, Michigan: Baker Academic, a division of Baker Publishing Group.

Messer, N. (2018). Evolution and theodicy: How (not) to do science and theology. Zygon®, 53(3), 821–835. doi:10.1111/zygo.12435

Polkinghorne, J. C. (1996). Scientists as theologians: a comparison of the writings of Ian Barbour, Arthur Peacocke & John Polkinghorne. London: SPCK.

Schilling, M. (2021). A Virocentric Perspective on Evil. Zygon®, 56(1), 19–33. doi:https://doi.org/101111/zygo.12669

Sollereder, B. (2015). When Humans are Not Unique: Perspectives on Suffering and Redemption. The Expository Times, 127(1), 17–22. doi:10.1177/0014524615599099

Sollereder, B. (2016). Evolution, Suffering, and the Creative Love of God. Perspectives on Science and Christian Faith, 68.

Southgate, C. (2008). The groaning of creation: God, evolution, and the problem of evil. Louisville: Westminster John Knox Press.

Thomas, B. (2011). Were Viruses Created or Evolved? Siehe https://www.icr.org/article/were-viruses-created-or-evolved

Wahlberg, M. (2015). Was evolution the only possible way for God to make autonomous creatures? Examination of an argument in evolutionary theodicy. International Journal for Philosophy of Religion, 77(1), 37–51. doi:10.1007/s11153-014-9486-x

Kapitel 9

Bourque, G., Leong, B., Vega, V. B., Chen, X., Lee, Y. L., Srinivasan, K. G., Liu, E. T. (2008). Evolution of the mammalian transcription factor binding repertoire via transposable elements. Genome Res, 18(11), 1752–1762. doi:10.1101/gr.080663.108

Chuong, E. B., Elde, N. C., Feschotte, C. (2016). Regulatory evolution of innate immunity through co-option of endogenous retroviruses. Science, 351(6277), 1083–1087. doi:10.1126/science.aad5497

Cowley, M., Oakey, R. J. (2013). Transposable Elements Re-Wire and Fine-Tune the Transcriptome. PLOS Genetics, 9(1), e1003234. doi:10.1371/journal.pgen.1003234

Johnson, W. E. (2019). Origins and evolutionary consequences of ancient endogenous retroviruses. Nat Rev Microbiol, 17(6), 355–370. doi:10.1038/s41579-019-0189-2

Koito, A., Ikeda, T. (2011). Intrinsic restriction activity by AID/APOBEC family of enzymes against the mobility of retroelements. Mobile Genetic Elements, 1(3), 197–202. doi:10.4161/mge.1.3.17430

Koonin, E. V., Krupovic, M. (2015). Evolution of adaptive immunity from transposable elements combined with innate immune systems. Nature Reviews Genetics, 16(3), 184–192. doi:10.1038/nrg3859

Mager, D. L., Stoye, J. P. (2015). Mammalian Endogenous Retroviruses. Microbiol Spectr, 3(1), Mdna3-0009-2014. doi:10.1128/microbiolspec.MDNA3-0009-2014

Mi, S., Lee, X., Li, X.-p., Veldman, G. M., Finnerty, H., Racie, L., McCoy, J. M. (2000). Syncytin is a captive retroviral envelope protein involved in human placental morphogenesis. Nature, 403(6771), 785–789. doi:10.1038/35001608

Park, M. S., Kim, J. I., Park, S., Lee, I., Park, M. S. (2016). Original Antigenic Sin Response to RNA Viruses and Antiviral Immunity. Immune Netw, 16(5), 261–270. doi:10.4110/in.2016.16.5.261

Ryan, F. (2010). Virolution: Die Macht der Viren in der Evolution. Spektrum Akademischer Verlag.

van de Lagemaat, L. N., Landry, J. R., Mager, D. L., Medstrand, P. (2003). Transposable elements in mammals promote regulatory variation and diversification of genes with specialized functions. Trends Genet, 19(10), 530–536. doi:10.1016/j.tig.2003.08.004

Yang, L., Emerman, M., Malik, H. S., McLaughlin, R. N. J. (2020). Retrocopying expands the functional repertoire of APOBEC3 antiviral proteins in primates. eLife, 9. doi:10.7554/eLife.58436

Kapitel 10

Brooke, J. H. (2014). Science and Religion: Some Historical Perspectives. Cambridge: Cambridge University Press.

Harris, M. (2018). The Biblical Text and a Functional Account of the Imago Dei. In: S. P. Rosenberg (Hg.), Finding ourselves after Darwin: conversations on the image of God, original sin, and the problem of evil (S. 48–63). Grand Rapids, Michigan: Baker Academic (Baker Publishing Group).

John Paul, II. (1993). The Galileo Affair: At the Crossroads of Religion and Science. Siehe https://www.crisismagazine.com/1993/the-galileo-affair-at-the-crossroads-of-religion-and-science

Leich, P. (2010). Die schwierige Beziehung von Ratio und Religio: Der Inquisitionsprozess gegen Galileo Galilei. Siehe https://www.theologie-naturwissenschaften.de/startseite/leitartikel-archiv/galileo-galilei

McGrath, A. E. (2011). Darwinism and the divine [electronic resource]: evolutionary thought and natural theology. Oxford: Wiley-Blackwell.

Oord, T. J. (2018). The Imago Dei as Relational Love. In: Finding ourselves after Darwin, S. 79–91.

Peters, T. (2018). The Imago Dei as the End of Evolution. In: Finding ourselves after Darwin, S. 92–106.

Schweitzer, B. (2016). Design in der Natur – Von der Physikotheologie zu Intelligent Design: Brunnen-Verlag.

van Huyssten, W. J. (2018). Questions, Challenges, and Concerns for the Image of God. In: Finding ourselves after Darwin, S. 33–47.

Visala, A. (2018). Will the Structural Theory of the Image of God Survive Evolution? In: Finding ourselves after Darwin, S. 64–78.